智能制造类产教融合人才培养系列教材

增材制造产品性能预测技术

主　编　杨化动
副主编　谢　丹　郭鹏伟
参　编　张　森　纪风超　王思琦　陶　帅
主　审　刘新宇　马立敏

机械工业出版社

本书主要介绍增材制造产品性能表征、仿真分析方法和仿真技术在典型增材制造工艺中的应用等内容。全书共10章。第1章增材制造技术概述简介了增材制造的概念、原理、分类、优势和面临的挑战；第2章增材制造产品性能预测，分别从产品性能表征方法、产品质量控制手段和产品性能预测技术方面进行阐述；第3章增材制造技术仿真分析方法，介绍增材制造仿真软件、ANSYS宏观温度场、应力场和流场仿真分析、多尺度仿真技术和工艺参数性能优化；第4~9章分别介绍仿真技术在熔融沉积成型、光固化成型、金属粉末床熔融成型、激光直接金属堆积成型、电弧增材制造成型和电子束自由成型工艺中的应用；第10章介绍使用ANSYS Additive Science模块进行金属增材微观组织仿真分析的方法。本书具备增材制造成型过程仿真的理论深度与企业实践的实用性，配套丰富的工程实例和先进算法，适合项目化教学，重点强调培养学生解决增材制造复杂工程问题的能力。

本书可作为职业院校机械相关专业和高等院校机械工程、材料工程、智能制造工程专业教材，也可作为工程技术人员的自学用书。

为便于教学，本书配套有电子教案、助教课件、微课视频等教学资源，选择本书作为教材的教师可来电（010-88379193）索取，或登录www.cmpedu.com网站，注册、免费下载。

图书在版编目（CIP）数据

增材制造产品性能预测技术/杨化动主编. —北京：机械工业出版社，2021.7

智能制造类产教融合人才培养系列教材

ISBN 978-7-111-68830-3

Ⅰ.①增… Ⅱ.①杨… Ⅲ.①快速成型技术-高等学校-教材 Ⅳ.①TB4

中国版本图书馆CIP数据核字（2021）第160154号

机械工业出版社（北京市百万庄大街22号　邮政编码100037）
策划编辑：黎　艳　　责任编辑：黎　艳　陈　宾
责任校对：张晓蓉　　封面设计：张　静
责任印制：李　昂
北京中兴印刷有限公司印刷
2022年1月第1版第1次印刷
184mm×260mm・13.75印张・337千字
0001—1900册
标准书号：ISBN 978-7-111-68830-3
定价：49.00元

电话服务　　　　　　　　　网络服务
客服电话：010-88361066　　机　工　官　网：www.cmpbook.com
　　　　　010-88379833　　机　工　官　博：weibo.com/cmp1952
　　　　　010-68326294　　金　书　网：www.golden-book.com
封底无防伪标均为盗版　　机工教育服务网：www.cmpedu.com

前　言

增材制造技术可制造任意复杂形状和结构的零件，提高了设计自由度，柔性高并具有对产品及结构设计进行变化的快速响应能力，现已广泛应用于各个领域。然而，在增材制造技术快速发展的同时，缺乏增材制造产品的质量标准和体系，是限制增材制造技术发展的重要因素。增材制造涉及多学科，成型过程涉及多物理场，目前在控形控性技术的研究中，还有众多的科学问题需要探究。为提高增材制造产品的质量和成功率，需要从多尺度研究其性能预测方法。为适应增材制造行业发展的需要，编写了本书。

本书主要介绍增材制造产品的性能表征方法、通用仿真理论和仿真技术在典型增材制造工艺中的应用，重点强调培养学生解决增材制造复杂工程问题的能力，编写过程中力求体现以下的特色。

（1）体现新模式　从提高学生解决复杂工程问题能力的角度出发，采用"学中做"和"做中学"的项目化教学策略，每章配置丰富的教学案例。

（2）力求先进性　立足增材制造技术发展趋势和面临的挑战，多维度探索增材制造产品性能预测方法，提高其形性控制调节能力。

（3）追求实用性　理论与实践相结合，旨在解决降低试错次数，提高增材制造产品质量和成功率等在增材制造发展中所面临的实际问题。

本书在内容处理上主要有以下几点说明：①以 ANSYS 作为主要使用的软件；②教学案例所使用的软件版本为 ANSYS 18；③本书建议学时为 40 学时，学时分配建立见下表。

章节	名称	讲课学时	上机学时
第 1 章	增材制造技术概述	2	
第 2 章	增材制造产品性能预测	4	
第 3 章	增材制造技术仿真分析方法	6	
第 4 章	熔融沉积成型技术（FDM）仿真分析	4	2
第 5 章	光固化成型技术（SLA）仿真分析	4	2
第 6 章	金属粉末床熔融成型技术（PBF）仿真分析	4	2
第 7 章	激光直接金属堆积成型技术（DMD）仿真分析	2	
第 8 章	电弧增材制造技术（WAAM）仿真分析	2	
第 9 章	电子束自由成型技术（EBF）仿真分析	2	
第 10 章	金属增材微观组织仿真分析	2	2

本书由安世亚太公司具有丰富教学经验和实践能力的专业教师、企业工程师们共同编写。由于编者水平有限，书中不妥之处在所难免，恳请读者批评指正。

编　者

目 录

前言
第1章 增材制造技术概述 ... 1
1.1 增材制造技术原理及分类 ... 1
1.2 增材制造技术优势 ... 4
1.3 增材制造技术面临的挑战 ... 6
习题 ... 6

第2章 增材制造产品性能预测 ... 7
2.1 增材制造产品性能表征 ... 7
2.1.1 金属增材制造产品性能表征 ... 9
2.1.2 非金属增材制造产品性能表征 ... 14
2.2 增材制造产品质量控制手段 ... 17
2.3 基于仿真分析的产品性能预测技术 ... 19
习题 ... 20

第3章 增材制造技术仿真分析方法 ... 21
3.1 增材制造仿真软件简介 ... 21
3.2 ANSYS 温度场、应力场和流场分析 ... 25
3.2.1 APDL 语言基础知识 ... 25
3.2.2 温度场分析 ... 35
3.2.3 应力场分析 ... 37
3.2.4 流场分析 ... 38
3.3 ANSYS Additive Print 仿真分析 ... 40
3.4 ANSYS Workbench Additive 仿真分析 ... 48
3.5 ANSYS Additive Science 仿真分析 ... 53
3.6 增材制造工艺过程多尺度仿真 ... 57
3.6.1 粉末床模拟 ... 58
3.6.2 格子玻尔兹曼法 ... 62
3.6.3 元胞自动机 ... 65
3.7 增材制造工艺参数优化 ... 66
3.7.1 智能优化算法 ... 66
3.7.2 多目标优化算法 ... 75
习题 ... 78

第4章 熔融沉积成型技术（FDM）仿真分析 ... 79
4.1 FDM 成型工艺 ... 79
4.2 FDM 成型工艺仿真模拟 ... 80
4.2.1 FDM 成型过程温度场的有限元模拟 ... 80
4.2.2 FDM 成型过程应力应变场有限元模拟 ... 83
4.2.3 FDM 成型工艺过程仿真实例 ... 85
4.3 FDM 成型质量影响因素 ... 96
4.4 FDM 成型工艺参数优化 ... 98
习题 ... 102

第5章 光固化成型技术（SLA）仿真分析 ... 103
5.1 SLA 成型工艺 ... 103
5.1.1 SLA 成型工艺原理 ... 103
5.1.2 SLA 的特点 ... 104
5.1.3 SLA 快速原型制作过程 ... 104
5.2 SLA 成型工艺仿真模拟 ... 105
5.2.1 模型理论基础 ... 105
5.2.2 施加载荷及约束 ... 108
5.2.3 仿真案例 ... 109
5.3 SLA 成型误差分析 ... 117
5.4 工艺参数优化设计 ... 121
习题 ... 121

第6章 金属粉末床熔融成型技术（PBF）仿真分析 ... 122

6.1 SLM 成型工艺原理 …………………… 122
6.2 SLM 成型仿真理论基础 ……………… 123
6.3 SLM 成型工艺仿真过程 ……………… 123
    6.3.1 ANSYS 仿真模型选取与参数
          设计 …………………………… 123
    6.3.2 ANSYS 仿真模型建立 ………… 124
    6.3.3 有限元模拟结果与分析 ………… 129
6.4 仿真案例 ……………………………… 134
    6.4.1 考虑材料属性转换的仿真分析
          （ANSYS）…………………… 134
    6.4.2 温度场与应力场仿真分析（ANSYS
          Additive）…………………… 148
    6.4.3 温度场与应力场仿真分析（EDEM-
          Flow 3D）…………………… 155
    6.4.4 固有应变算法的增材工艺仿真分析
          （ANSYS Additive Print）…… 160
    6.4.5 热—力耦合算法的仿真分析（ANSYS
          Workbench Additive）……… 166
    6.4.6 考虑扫描路径的增材工艺仿真
          分析（AM Prosim）………… 169
习题 ……………………………………… 171

第7章 激光直接金属堆积成型技术（DMD）仿真分析 ……………………………… 172

7.1 DMD 成型工艺原理 ………………… 172
7.2 有限元热—力耦合模型 ……………… 173
7.3 DMD 成型工艺参数优化 …………… 173
7.4 DMD 成型工艺仿真案例 …………… 173
习题 ……………………………………… 176

第8章 电弧增材制造技术（WAAM）仿真分析 ……………………………………… 177

8.1 WAAM 成型工艺原理 ……………… 177
8.2 WAAM 成型尺寸精度影响因素 …… 179
8.3 WAAM 成型工艺仿真案例 ………… 179
习题 ……………………………………… 183

第9章 电子束自由成型技术（EBF）仿真分析 ……………………………………… 184

9.1 EBF 成型工艺原理 ………………… 184
9.2 EBF 成型温度场和应力场分析 …… 185
习题 ……………………………………… 188

第10章 金属增材微观组织仿真分析 ……… 189

10.1 模拟仿真采用材料 ………………… 189
10.2 仿真参数设置 ……………………… 190
10.3 单道仿真模拟 ……………………… 190
    10.3.1 激光功率对单道熔池影响的仿真
           计算 ………………………… 190
    10.3.2 扫描速度对单道熔池影响的仿真
           计算 ………………………… 191
10.4 内部缺陷仿真模拟 ………………… 192
    10.4.1 激光功率对于内部缺陷影响的
           仿真计算 …………………… 192
    10.4.2 激光扫描速度对于内部缺陷
           影响的仿真计算 …………… 192
    10.4.3 铺粉厚度对于内部缺陷影响的
           仿真计算 …………………… 193
    10.4.4 扫描间距对于内部缺陷影响的
           仿真计算 …………………… 193
10.5 微观结构仿真模拟 ………………… 194
    10.5.1 激光功率对微观结构影响的仿真
           计算 ………………………… 194
    10.5.2 激光扫描速度对微观结构影响的
           仿真计算 …………………… 197
    10.5.3 基板预热温度对微观结构影响的
           仿真计算 …………………… 197
    10.5.4 铺粉厚度对微观结构影响的
           仿真计算 …………………… 202
    10.5.5 扫描间距对微观结构影响的
           仿真计算 …………………… 202
    10.5.6 起始激光角对微观结构影响的
           仿真计算 …………………… 206
    10.5.7 旋转激光角对微观结构影响的
           仿真计算 …………………… 209
习题 ……………………………………… 212

参考文献 ……………………………………… 213

第1章　增材制造技术概述

1.1　增材制造技术原理及分类

增材制造（Additive Manufacturing，AM）技术融合了计算机辅助设计、材料加工与成形技术，以数字模型文件为基础，采用材料逐层累加的方法制造实体零件，相对于传统的材料去除（切削加工）等减材制造技术（Subtractive Manufacturing），它是一种自下而上进行材料累加的制造方法。自1974年英国化学家戴维·琼斯（David E. H. Jones）提出增材制造（3D打印）的概念以来，该术语也被称为材料累加制造、快速原型、分层制造、实体自由制造、3D打印技术等。

增材制造是依据三维CAD数据将材料连接制作物体的过程，相对于减材制造，它通常是逐层累加的过程；3D打印是指采用打印头、喷嘴或其他成型技术沉积材料来制造物体的技术，3D打印也常用来表示增材制造技术。

增材制造技术不需要传统的刀具、夹具及多道加工工序，基于三维CAD数据可快速而精确地制造出任意复杂形状的零件，从而实现自由制造，解决许多过去难以制造的复杂结构零件的成型问题，缩短了加工周期。并且越是复杂结构的产品，其制造的速度优势越显著，适用于单件或小批量产品的快速制造。近年来，增材制造技术得到了快速的发展，广泛应用于汽车、航天航空、医疗、军工、地理信息、艺术设计等各个领域。

英国《经济学人》杂志在2012年发表封面文章（图1-1），提出以增材制造（3D打印）为核心的数字化设计制造技术可能会引发第三次工业革命，增材制造将改变社会的生产模式和人类的生活方式，被誉为改变世界的颠覆性制造技术。美国《时代》周刊将增材制造列为"美国十大增长最快的工业"。如图1-2所示，金属3D打印入选麻省理工学院技术评论在2018年评选的"全球十大突破性技术"。虽然增材制造（3D打印）技术已经存在并发展了几十年，但它之前仍然局限在业余爱好者和设计师的小圈子范围内，仅用来制造一次性原型。而且，之前的增材制造技术使用的非塑料材料（尤其是金属）成本非常昂贵，制造速度也非常慢。现在随着制造成本越来越低，以及使用方法也越来越简单，这项技术有望成为用于生产零部件的实用技术。

"Wohlers 2018年度报告"指出增材制造行业整体销售额增长了21%，其中金属3D打印尤其突出，增长了80%。2001—2018年金属3D打印机销量情况如图1-3所示，2017年销售量约为983台金属3D打印机，2018年销售约为1768台金属3D打印机，增幅近80%。金属 3D 打印机销售的"戏剧性"增长得益于金属增材制造工艺的发展以及监控和质量保证措施的改进,但还有很多问题需要解决。

图 1-1 《经济学人》2012 年第 4 期封面

图 1-2 2018 年"全球十大突破性技术"

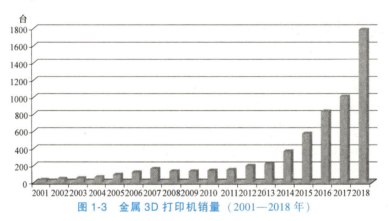

图 1-3 金属 3D 打印机销量(2001—2018 年)

1. 增材制造技术原理

传统的机械加工方式是对选定的毛坯进行切制,去除多余的材料,从而获得最终的零件,这种加工方式统称为减材制造。例如:要生产最终质量为 100kg 的零件来说,可能需要选择质量为 1500kg 的毛坯,材料利用率仅为 6.67%。因此,可以看出传统的机械加工造成材料的严重浪费,增加了产品的成本。

增材制造技术是指基于离散—堆积原理,由零件三维模型数据驱动直接制造零件的科学技术体系,

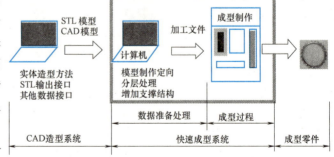

图 1-4 增材制造工艺过程示意图

其工艺过程如图 1-4 所示。基于不同的分类原则和方式,增材制造技术还有快速原型、快速成型、快速制造、3D 打印等多种称谓,其内涵仍在不断深化,外延也不断扩展,这里所说的增材制造与快速成型、快速制造意义相同。

数字化增材制造技术是一种基于三维实体快速自由成形制造技术,它综合了计算机图形处理

技术、数字化信息控制技术、激光技术、机电一体化技术和材料成型技术等多项技术的优势。学者们对其有多种描述,称为数字化增材制造、增量化制造。该技术被人们誉为将带来"第三次工业革命"的新技术,和传统的机械加工方式相比,它的变化主要体现在以下几个方面:

(1) 工艺方法的大变革

1) 减材制造:传统的机械加工,包括车、铣、刨、磨,采用去除材料的方式将毛坯加工成最终的零件 ΔM(质量变化)<0。

2) 等材制造:材料成型技术,包括锻、铸、焊,$\Delta M = 0$。

3) 增材制造:将金属材料和非金属材料(粉末或丝材)逐层堆积进行零件的成形和加工,$\Delta M > 0$。

因此,可以看出增材制造技术是一种不同于传统等材或减材制造的全新制造技术,是工艺方法的改革与突破。

(2) 信息化制造的代表

1) 全数字化制造:高度自动化、智能化、网络化。

2) 全柔性制造:可实现零件任意形状和内部结构的加工,提高了设计的自由度和柔性;材料与外形一体化。

2. 增材制造分类

增材制造有广义和狭义的概念(图1-5),狭义增材制造是指不同的能量源与CAD/CAM技术结合进行分层累加材料的技术体系;而广义增材制造则以材料累加为基本特征,以直接制造零件为目标的大范畴技术群。如果按照加工材料的类型和方式分类,又可以分为金属成形、非金属成形、生物材料成形等。按照增材制造技术的成形原理,可以分为立体光固化成型(SLA)、材料喷射成型、黏结剂喷射成型、粉末床熔融成形、材料挤出成形、定向能量沉积成型(DED)和薄材叠层制造成型(LOM)技术。

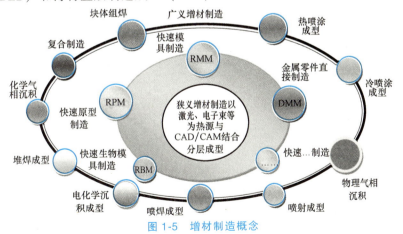

图1-5 增材制造概念

非金属材料增材制造主要使用ABS、PLA、尼龙、高分子和陶瓷等材料,一般用于新产品的设计开发、文化创意产品开发、设计方案验证等,不作为大批量生产的手段。针对非金属材料增材制造产品强度不高,一般不直接用于零件的生产,而是用于设计验证,这样可以缩短设计周期,降低产品研发成本。例如:研发一辆新款汽车,估计需要上百套模具,但设计过程是一个不断迭代的过程,若中间存在着设计变更,对应的模具也需要更换或变更,使模具成本会非常高。此时,可以利用增材制造技术制造非金属模型进行相关的设计验证、模具的试制以降低研发成本。

从材料学的角度,可以将增材制造分为以下 3 类:

(1) 非金属模型及零件增材制造　非金属材料的增材制造,从 20 世纪 80 年代发展至今,已有 30 多年的时间。具体的工艺类型非常多,已有上百种。其中基本的方法有三维打印黏结成型或喷墨沉积(3DP)、熔融沉积成型(FDM)、立体光固化成型(SLA)、选择性激光烧结(SLS)和叠层实体制造(LOM)等。

(2) 生物组织及器官增材制造　将生物材料或生物单元(细胞、蛋白质等)按仿生形态学、生物体功能和细胞特定微环境等要求用增材制造的方法制造出具有复杂的结构、功能和个性化的生物材料三维结构或体外三维生物功能体。

依据材料的发展情况和其生物学性能,生物增材制造技术的应用可分为以下 4 个层次:

第一层次:医疗模型和体外医疗器械的制造,应用无生物相容的材料。

第二层次:永久植入物的制造,采用生物相容,但非降解的材料。

第三层次:组织工程支架的制造,应用生物相容且可降解的材料。

第四层次:体外生物结构体的制造,关注细胞、蛋白及其他细胞外基质的制造。

生物组织及器官增材制造用于硬组织、软组织、人体器官的体外或体内"培养",这是非常重要的一个方向。

(3) 高性能金属构件增材制造　金属材料是机械加工中广泛应用的重要材料,在所有增材制造技术中,金属增材制造应该是目前发展最快,也是应用前景最好的技术之一。金属材料的熔化或气化都需要很高的能量,所以一般选择高能粒子束流作为热源,如激光束或电子束。根据受热程度的不同,金属材料可能发生全部熔化、部分熔化或者不熔化。金属材料增材制造技术一般采用激光、电子束或聚能光束等高密度能量热源进行选区熔化,可方便实现各种难熔、难加工、高活性、高性能金属材料的快速原型制造,在航空航天、军工和医学等高性能复杂零部件领域中具有广泛的应用前景。

增材制造用的金属原料为金属粉末和金属丝材,一般采用铺粉选区熔化和送粉、送丝熔化的方式进行适合金属材料的增材制造。铺粉选区熔化适用于小型复杂零件的加工,理论上可以做出任意复杂的形状。送粉、送丝熔化适用于大型整体构件的加工,电子束送丝效率高,但是真空中凝固冷却速度慢、成型组织粗、精度低。激光送粉凝固冷却速度快、成型组织细小、力学性能优异、成形精度高,但效率低。

国家标准 GB/T 35021—2018《增材制造　工艺分类及原材料》中,对增材制造的工艺类型进行了划分,将目前的增材制造工艺划分为以下 7 类:

1) 立体光固化:通过光致聚合作用选区固化液态光敏聚合物的增材制造工艺。
2) 材料喷射:将材料以微滴的形式按需喷射沉积的增材制造工艺。
3) 黏结剂喷射:选区喷射沉积液态黏结剂以黏结粉末材料的增材制造工艺。
4) 粉末床熔融:通过热能选区熔化、烧结粉末床区域的增材制造工艺。
5) 材料挤出:将材料通过喷嘴或孔口挤出的增材制造工艺。
6) 定向能量沉积:利用聚焦热将材料同步熔化沉积的增材制造工艺。
7) 薄材叠层:将薄层材料逐层黏结以形成实物的增材制造工艺。

1.2　增材制造技术优势

增材制造技术的基本原理是:把一个通过设计或者扫描等方式做好的三维模型按照某一

坐标轴切成无限多个剖面,然后一层一层地打印出来并按原来的位置堆积到一起,形成一个实体的立体模型。因此,增材制造的技术优势如下:

1) 无模具快速自由成型,制造周期短,小批量零件生产成本低。

增材制造技术因为只需要有加工原料和加工设备就能够进行产品加工,不需要机械加工和工装模具,可以实现一次成型,节约了零件需要不同工序加工和组装所消耗的时间,在进行单件小批量的生产时,增材制造的成本低。传统加工制造需要原料采购和准备,并且在加工过程中还需要进行不同工序的轮换加工,加工完后还需要进行零件的组装等,而这无形之间延长了产品的生产周期。由于不涉及熔炼、锻造、机械加工等工序,增材制造可以使产品的研发周期缩短 30%~50%,明显节省了产品的开发成本与周期。

2) 零件近净成型,加工余量小,材料利用率高。

增材制造技术因为是一次成型,通过自下而上地进行分层制造和逐层叠加,材料的损耗大部分是用于对模型成型的支撑结构上,而绝大部分材料是应用于模型的成型上。因此,增材制造相比传统减材制造更加节省原料、节约能源,材料利用率也更高。

应用增材制造技术生产的部件,特别是金属部件,仍然需要进行机械加工。由于增材制造工序经常不能达到关键性部件所要求的最终细节、尺寸和表面质量。但在所有近净成形工艺中,增材制造是净成形水平最高的工艺,其后续机械加工所必须切削掉的材料数量是很微量的。因此相对于利用切削机床对毛坯进行加工的减材制造,增材制造减少了原材料的使用量,降低了对自然资源和环境的压力。

3) 激光束能量密度高,可实现传统难加工材料的成形。

激光具有相干性好、单色性好、方向性好和亮度高的特点,尤其是其高能量束能够在很短的时间将温度升高到数千摄氏度,在此温度下绝大部分的金属都能够被熔化且加工成型。因此,传统的难加工材料如 38CrMnSiA、TC4 等都可被加工制造出来。

4) 加工的零件结构强度更高,加工应力集中更小。

增材制造技术采用的是一体化制造成型技术,相比由零件间组装成的整体部件具有更强的刚度和稳定性。另外,增材制造采用分层制造、逐层叠加的成型技术,在每一片层凝固成型时,已经将成型应力释放,因此制造的零件没有应力集中或者应力集中现象很少。当然,增材制造技术还有很多其他方面的优势,如可实现多种材料任意复合制造、加工效率高、不受零件复杂外形限制等。

5) 可制造任意复杂形状和结构的零件,提高设计自由度,柔性高并具有对产品及结构设计变化的快速响应能力。

在机械加工、铸造或模塑生产中,对于复杂结构零件的加工需要额外的刀具或其他步骤。而增材制造技术不需要传统的刀具和夹具以及多道加工工序,在一台设备上可快速、精密地制造出任意复杂形状的零件,从而实现了零件自由制造,解决了许多复杂结构零件的成型,并大大减少了加工工序,缩短了加工周期。而且产品结构越复杂,其制造速度快的优势就越显著。由于增材制造技术是通过层层堆积的方式来进行生产,可以制造出形状高度复杂的产品,显著提高了设计自由度。这使得过去受到传统加工方式的约束,而无法实现的复杂产品结构制造变为可能。

6) 可实现个性化产品制造。

由于具有自由设计和无须工具的优点,增材制造将使得商业化个性定制成为可能,从运用 X 射线电子计算机断层扫描(CT)和核磁共振成像(MRI)扫描数据打印出百分百符合患者需求的植入物,到个性化的消费品,如鞋子、珠宝和家庭用品。随着科技的进一步发展,利用增材制造技术还可以直接打印活体组织,制造出符合人体需求的人工器官,实现人工器官的再造,将给现代医学带来一次革命性的变革。

1.3 增材制造技术面临的挑战

即使已经过较长时间的发展,增材制造技术还面临了一些困难和挑战等待在以后的发展中去克服。

首先,需要系统建立增材制造技术的工业标准。生产过程需要有清晰的指导和参数设置,以便使生产出的产品具有稳定的性能表现。

其次,需要进一步扩大可用的材料范围和产品尺寸。这项困难在航空航天行业表现得尤为突出,因为它所使用的材料通常需要能够耐受极高温和极低温的苛刻条件。

最后,对于增材制造产品的机械性能需要继续深入研究。过去对于增材制造所生产的产品的力学性能研究从未停止,但在疲劳性能、残余应力和断裂韧性方面还有较大的空白。

对于激光金属增材制造,存在以下关键问题需要进一步深入研究。

(1) 热物理问题 由于激光对粉末的熔化过程中,温度存在着剧烈的循环变化,从而导致热应力的产生。3D打印过程中一直处于热冲击状态,由于构件温度不均造成体积不均,如果材料很脆,有可能会断裂。激光加工过程属于循环地非均匀固态相变,在成形过程中每升温、降温一次,相当于进行一次热处理,通过相变点的时间很短,大约0.1s,会产生组织应力。其凝固过程为约束激冷凝固,会产生收缩应力。目前的挑战是难以控制内应力,构件容易出现严重的变形或开裂,会出现翘曲,尤其对于大型构件。因此,对于高精度、高效率的大型金属构件的增材制造,需进一步研究。

(2) 物理冶金问题 冶金、凝固和固态相变过程非常复杂,内部质量的控制是科学难题,主要体现在以下几个方面:

1) 内部冶金缺陷形成机制。需要分析和研究主要内部缺陷类型及特征、主要缺陷形成根本原因、力学行为及无损检验方法,以及如何控制内部缺陷。

2) 移动熔池超常冶金及快速凝固行为。需要分析和研究超常冶金动力学、晶体形核机制、生长机制、晶粒尺寸和形态控制方法。

3) 超常固态相变及显微组织演化行为。需要分析和研究激光成型过程中的短时循环固态相变行为及其特殊显微组织形成规律、后续热处理固态相变行为及显微组织控制。

对于高性能大型金属构件的激光增材制造,国际上一直未解决的四大瓶颈问题和技术挑战为:热应力控制、内部质量控制、大型装备研发和技术标准建立。该技术能否得到快速发展和工程推广应用,在很大程度上取决于上述几方面问题的研究深度。

习题

1. 简述增材制造、减材制造、等材制造和增减材混合制造之间的异同。
2. 在我国的国家标准中将增材制造划分为哪几类?
3. 以金属或非金属材料为例,阐述增材制造的技术优势及适用场合。
4. 在现阶段,增材制造技术的挑战主要体现在哪几个方面?

第2章　增材制造产品性能预测

增材制造技术现已开始在各个领域突显其价值。以典型的金属合金材料为例，高强度激光束沿着 CAD 软件制定的打印路径照射在粉末床上将金属粉末逐层熔融成部件。随着激光热源的移动，金属粉末熔融凝固，与前一层熔合为一体。金属的相变、冷却速度以及增材制造参数如打印速度、激光功率等将影响金属粉末熔融凝固及其微观结构。

打印出来的部件可以比传统制造工艺生产出来的铸件更强韧，但增材制造参数的变化产生的影响非常明显，因此有必要分析打印过程中的多尺度、跨物理场的本质特性。在整体分析打印部件宏观性能的同时，工程人员需要研究和模拟增材制造过程中的微观力学特性。

除了材料特性的变化，增材制造过程也会造成制造的部件跟初始设计存在明显的外形差别。这是因为设计时是按标准的材料进行定义，没有考虑应力及扭曲的影响；但在增材制造过程中，部件一般是烧结而成，会产生残余应力的累积、部件的扭曲和材料特性的变化。因此增材制造产品的可靠性和可预测性将影响增材制造技术在工业领域的广泛应用。目前可以通过仿真软件的模拟和预测来提升增材制造产品的可靠性，以及保证一次性成功制造出设计的产品。

2.1　增材制造产品性能表征

对于增材制造产品的性能，其表征参数有很多。产品性能是指产品在一定条件下，实现预定目的或者规定用途的能力。任何产品都具有其特定的使用目的或者用途。

技术和性能指标是描述产品功能特质的两个基本方面，既相互区别又有必然的联系。技术指标主要是对构成产品（主体）的内在特征及其关系集合的量化描述，包括基本要素及其关系以及结构方面的量化特征描述、主体支撑条件或环境的描述、系统与外部接口特征的量化描述以及系统自身空间规模的描述等。性能指标是对产品（主体）功能特质的量化描述，主要包括功能实现的程度、功能维持的持久度、功能适用的范围以及功能的实现条件等。

技术指标侧重于对产品（主体）的内在结构方面的量化描述，是性能指标的基础，这是由结构决定功能这一系统原理决定的，属于产品的先天性指标；性能指标是在规定技术指标及相关约束条件下产品功能特质的必然表现或反映。技术参数包括尺寸参数、运动参数与动力参数。技术参数是技术和性能指标的一部分，除此之外，还包括结构、工艺适应性、精度、使用可靠性和宜人性等方面。具有不同功能的产品，其涉及的尺寸参数不尽相同。以汽车为例，汽车装配体的主要尺寸参数包括轴距、轮距、总长、总宽、前悬、后悬、接近角、最小离地间隙等。对于增材制造的零件，除了尺寸参数的误差之外，还应该考虑其几何公差，以表征其质量水平。零件的几何公差是指形状公差、方向公差、位置公差和跳动公差。对于精度要求较高的零件，要规定其几何公差，合理地确定几何公差是保证产品质量的重要措施。国家标准 GB/T 1182—2018《产品几何技术规范（GPS）几何公差 形状、方向、位置和跳动公差标注》规定，几何公差的几何特征19项（符号14个），即形状公差6项、方向公差5项、位置公差6项、跳动公差2项，见表2-1。

表2-1 几何公差的分类、几何特征及符号（摘自 GB/T 1182—2018）

公差类型	几何特征	符号	有无基准	公差类型	几何特征	符号	有无基准
形状公差	直线度	—	无	位置公差	位置度	⊕	有或无
	平面度	▱	无		同心度（用于中心点）	◎	有
	圆度	○	无		同轴度（用于轴线）	◎	有
	圆柱度	⌭	无		对称度	≡	有
	线轮廓度	⌒	无		线轮廓度	⌒	有
	面轮廓度	⌓	无		面轮廓度	⌓	有
方向公差	平行度	∥	有	跳动公差	圆跳动	↗	有
	垂直度	⊥	有		全跳动	⌰	有
	倾斜度	∠	有		—	—	—
	线轮廓度	⌒	有		—	—	—
	面轮廓度	⌓	有		—	—	—

（1）形状公差

1）直线度：是限制实际直线对理想直线变动量的一项指标，是针对直线发生不直而提出的要求。

2）平面度：是限制实际平面对理想平面变动量的一项指标，是针对平面发生不平而提出的要求。

3）圆度：是限制实际圆对理想圆变动量的一项指标，是对具有圆柱面（包括圆锥面、球面）的零件在一正截面（与轴线垂直的面）内的圆形轮廓要求。

4）圆柱度：是限制实际圆柱面对理想圆柱面变动量的一项指标，它控制了圆柱体横截面和轴截面内的各项形状误差，如圆度、素线直线度、轴线直线度等。圆柱度是圆柱体各项形状误差的综合指标。

5）线轮廓度：是限制实际曲线对理想曲线变动量的一项指标，它是对非圆曲线的形状精度要求。

6）面轮廓度：是限制实际曲面对理想曲面变动量的一项指标，它是对曲面的形状精度要求。

（2）方向公差

1）平行度：用来控制零件上被测要素（平面或直线）相对于基准要素（平面或直线）的方向偏离0°的要求，即要求被测要素对基准等距。

2）垂直度：用来控制零件上被测要素（平面或直线）相对于基准要素（平面或直线）的方向偏离 90°的要求，即要求被测要素对基准成 90°。

3）倾斜度：用来控制零件上被测要素（平面或直线）相对于基准要素（平面或直线）的方向偏离某一给定角度（0°~90°）的程度，即要求被测要素对基准成一定角度（除90°外）。

(3) 位置公差

1）同轴度：用来控制理论上应该同轴的被测轴线与基准轴线的不同轴的程度。

2）对称度：一般用来控制理论上要求共面的被测要素（中心平面、中心线或轴线）与基准要素（中心平面、中心线或轴线）的不重合程度。

3）位置度：用来控制被测实际要素相对于其理想位置的变动量，其理想位置由基准和公称尺寸确定。

(4) 跳动公差

1）圆跳动：是被测实际要素绕基准轴线做无轴向移动、回转一周过程中，由位置固定的指示器在给定方向上测得的最大与最小读数之差。

2）全跳动：是被测实际要素绕基准轴线做无轴向移动的连续回转，同时指示器沿理想素线连续移动，由指示器在给定方向上测得的最大与最小读数之差。

2.1.1 金属增材制造产品性能表征

1. 相对致密度

对成形件致密度进行测试时，方法有三种，分别为直接测体积称重法、金相二值化法和阿基米德排水法。

采用阿基米德排水法测量成型件的相对致密度方法如下：该测量方法基于阿基米德原理，测量成形件干燥状态质量记为 m_1，采用去离子水作为辅助液体，将装有水的烧杯放置于精密天平上并置零，利用细线将测试样品悬挂于水中完全浸没，不触碰烧杯底及烧杯壁，待精密天平示数稳定时，记录示数为 m_2。此时成型件的实际密度可根据式（2-1）计算得出，其中 ρ_1 为水的密度，ρ_G 为空气的密度，ρ_0 为成型件实际密度。成型件相对致密度可由式（2-2）计算得出，其中 K 为成型件的相对致密度，$\rho_{理}$ 为成型件的理论密度。

$$\rho_0 = \frac{m_1}{m_2}(\rho_1 - \rho_G) + \rho_G \tag{2-1}$$

$$K = \frac{\rho_0}{\rho_{理}} \times 100\% \tag{2-2}$$

在相对致密度测试前，成型件表面需使用砂纸进行打磨至表面平整，去除成型件表面残留的合金粉末及缺陷，使用丙酮与无水乙醇对成型件进行处理，去除表面残存的磨屑、油污等杂质，成型件处理完成之后进行烘干处理，进行相对致密度的测量。测量时每组成型件应多次测试，取平均值。

2. 物相分析

根据晶体对 X 射线的衍射特征——衍射线的位置、强度及数量来鉴定结晶物质的物相的方法，就是 X 射线物相分析法。每一种结晶物质都有各自独特的化学组成和晶体结构。没有任何两种物质，它们的晶胞大小、质点种类及其在晶胞中的排列方式是完全一致的。当 X 射线波长与晶体面间距值大致相当时就可以产生衍射。因此，当 X 射线被晶体衍射时，每一种结晶物质都有自己独特的衍射样式，它们的特征可以用各个衍射晶面间距 d 和衍射线的相对强度 I/I_1 来表征。其中晶面间距 d 与晶胞的形状和大小有关，相对强度则与质点的种类与其在晶胞中的位置有关。所以任何一种结晶物质的衍射晶面间距 d 和 I/I_1 是其晶体结构的必然反映，可以根据它们来鉴别结晶物质的物相。

3. 硬度测试

表面硬度测试设备可以采用硬度计，该试验主要操作方法如下：将需测试的成型件试样用砂纸打磨抛光至表面光滑平整、无缺陷及粉末残留，施加力为29.4N，保压时间为10s，每个成型件沿对角线及4角选取10个点，最终结果取其平均值。

4. 拉伸性能测试

拉伸性能测试可采用材料高温持久性能试验机，由于增材制造高熵合金大尺寸拉伸件的技术不够成熟，拉伸性能测试可采用非标准条形试样。试样在基板上成形后采用线切割方式将其切割，线切割完成之后使用砂纸将切割面打磨光滑至拉伸试样标准。主要测试参数为预加载荷50 kN，拉伸速度2mm/min。测试完成后记录试样在拉伸断裂前的应力—应变值，每组参数的拉伸试样测试5次，结果取其平均值。

5. 金相观察

对成型件试样进行金相观察时，可采用的设备有金相显微镜和超景深三维显微镜，后者可用于单道、单层形貌观察。该设备可快速进行景深合成与高精细景深合成，能进行浏览观察并拍摄清晰度较高的广角三维图像，并且可以在观察时实时测量试样的尺寸、面积、角度、体积、表面积、面间角度、面间距离等参数。

6. 缺陷、断口及显微组织测试

对成型件试样的缺陷、断口及显微组织测试可采用环境扫描电子显微镜进行观察。对成型件试样采用800目、1200目、1500目、2000目金相砂纸打磨至表面平整、无粉末及杂物残留，进一步使用W0.5 30000目金刚石抛光膏将试样平整面进行抛光处理，采用王水对试样的抛光面进行腐蚀，腐蚀时间为5~15s，至抛光面变色立即用大量清水冲洗掉试样表面腐蚀液，对腐蚀完成的试样，使用丙酮浸泡去除表面腐蚀残留液及油脂，晾干用于显微组织、缺陷等观察。

对拉伸测试的断裂试样，使用切割机将断口面切割，将切割下的试样断口同样使用丙酮浸泡去除表面腐蚀残留液及油脂，晾干用于断口观察。

7. 静态力学性能

（1）**拉伸性能**　国家标准 GB/T 228.1—2010、GB/T 228.3—2019 和 GB/T 228.4—2019 适用于采用增材制造工艺制备的试样，但片状、线状和很小直径的杆状试样较难通过增材制造方法制备。ANSI/ASTM E292—09 为美国现行的材料断裂缺口拉伸试验执行时间测试方法，适用于采用增材制造方法制备的试样，其中制备薄片试样对部分增材工艺具有挑战性。拉伸性能测试标准见表2-2。

（2）**压缩性能**　国家标准 GB/T 7314—2017 适用于采用增材制造方法制备的试样，但薄片试样很难通过增材制造工艺制备。压缩性能测试标准见表2-3。

（3）**承压性能**　美国标准 ASTM E238—17a 适用于采用增材制造方法制备的试样，但采用增材制造方法制备的试样表面粗糙度和某些厚度可能达不到标准的要求。承压性能测试标准见表2-4。

（4）**弯曲性能**　弯曲性能测试标准见表2-5。

（5）**弹性模量和泊松比性能**　表2-6中的标准适用于采用增材制造方法制备的试样，泊松比可以用来进一步说明增材制造法制备的块状试样的各向异性。弹性模量和泊松比性能测试标准见表2-6。

第2章 增材制造产品性能预测

表 2-2 拉伸性能测试标准

国家	标准编号及标准名称	试样要求	备注
中国	GB/T 228.1—2010《金属材料 拉伸试验 第1部分:室温试验方法》	试样形状与尺寸取决于被试验的金属产品的形状与尺寸,按产品相关标准或 GB/T 2975—2018 中的要求切取样坯和制备试样	室温为 10~35℃
中国	GB/T 228.3—2019《金属材料 拉伸实验 第3部分:低温试验方法》	试样形状与尺寸取决于被试验的金属产品的形状与尺寸,按 GB/T 2975—2018 中的要求切取样坯和制备试样	温度在 -196~10℃
中国	GB/T 228.4—2019《金属材料 拉伸实验 第4部分:液氦试验方法》	试样形状与尺寸由产品的形状和尺寸决定	金属材料在液氦温度(4K)下的拉伸试验,也适用于需要特殊设备、较小试样以及涉及锯齿形屈服现象、绝热增温和应变速率影响的低温拉伸试验
美国	ANSI/ASTM E292—09	缺口试样	在恒定载荷和温度下缺口试样断裂拉伸试验
美国	ANSI/ASTM E740—09《裂纹检测与表面裂纹拉伸试样标准规程》	表面裂纹试样	在不断增大的力的作用下的拉伸试验

表 2-3 压缩性能测试标准

国家	标准编号及标准名称	试样要求	备注
中国	GB/T 7314—2017《金属材料 室温压缩试验方法》	试样形状与尺寸的设计应保证:在试验过程中,标距内为均匀单向压缩,引申计所测变形应与试样轴线上标距段的变形相等,端部在试验结束之前不损坏	金属材料在室温下单向压缩的规定塑性压缩强度、规定总压缩强度、上压缩屈服强度、下压缩屈服强度、压缩弹性模量及抗压强度

表 2-4 承压性能测试标准

国家	标准编号及标准名称	试样要求	备注
美国	ASTM E238—17a《金属材料的针型轴承测试标准试验方法》	带孔的矩形金属试样	测定轴承屈服强度和轴承强度;试样的表面质量和厚度要求较高

表 2-5 弯曲性能测试标准

国家	标准编号及标准名称	试样要求	备注
中国	HB 7571—1997《金属高温压缩试验方法》	板状或圆形试样,材料尺寸允许时,应采用圆形试样。试样应足够长,但不应长到使试样未受约束的部分产生弯曲;试样端部余量最少应为板状试样宽度的一半或圆形试样直径的一半	金属高温压缩试验,用于测定 900℃ 以下单向压缩的规定非比例压缩应力、规定总压缩应力、屈服点、压缩弹性模量及脆性材料的抗压强度等参数

表 2-6 弹性模量和泊松比性能测试标准

国家	标准编号及标准名称	试样要求	备注
中国	GB/T 228.1—2010《金属材料 拉伸试验 第1部分:室温试验方法》	试样形状与尺寸取决于被试验的金属产品的形状与尺寸,按产品相关标准或 GB/T 2975—2018 中的要求切取样坯和制备试样	可用于测定材料室温(10~35℃)的杨氏模量、切向模量和弦向模量
中国	GB/T 22315—2008《金属材料 弹性模量和泊松比试验方法》	矩形试样	静态法部分适用于室温下测定金属材料的弹性状态;动态法部分适用于在 -196~1200℃ 之间测定材质均匀的弹性材料的动态模量和动态泊松比
中国	GB/T 10128—2007《金属材料 室温扭转试验方法》	圆形试样(圆柱管或管状试样)	用于外加力矩的使用和剪切模量的计算
美国	ASTM E1875—13《动态杨氏模量,剪切模量和泊松比用音响共振标准试验方法》	弹性各向异性的金属材料	测试需在 -196~1200℃ 条件下进行
美国	ASTM E1876—15《用振动脉冲激励法测定先进陶瓷动态杨氏模量,剪切模量和泊松比试验方法》	试样具有特定的机械共振频率	可在低温和高温下进行试验,但需对设备和试验结果进行适当修改

（6）硬度性能　压痕试样有助于测定增材制造材料的硬度，其中努氏硬度法有助于测定增材工艺制备的金属结构中分离杂质的微观硬度，维氏硬度法有助于评估增材制造金属零件的微观和宏观硬度。硬度性能测试标准见表2-7。

表2-7　硬度性能测试标准

国家	标准编号及标准名称	硬度分类	试样要求	备注
中国	GB/T 231.1—2018《金属材料　布氏硬度试验 第1部分:试验方法》	布氏硬度	试样表面粗糙度Ra值不大于1.6μm，不应有氧化皮或外界污物，保证压痕直径的精确测量，厚度至少为压痕深度的8倍	布氏硬度试验范围上限为650HBW；平面布氏硬度值计算表
	GB/T 18449.1—2009《金属材料　努氏硬度试验　第1部分:试验方法》	努氏硬度	试样表面平坦光滑，无氧化皮或外界污染物，应保证精确测量压痕对角线长度。建议对试样进行抛光或电解抛光处理，试验后试样背面不出现可见变形	试验力值范围为0.09807~19.614N，压痕对角线长度≥0.02mm
	GB/T 4340.1—2009《金属材料　维氏硬度试验 第1部分:试验方法》	维氏硬度	试样表面应平坦光滑，无氧化皮及外来污物，应保证压痕对角线的测量精度，试样层厚度至少为压痕对角线长度的1.5倍，建议对试样进行抛光或电解抛光处理	压痕对角线长度范围为0.02~1.4mm
	GB/T 230.1—2018《金属材料　洛氏硬度试验 第1部分:试验方法》	洛氏硬度	试样表面应平坦光滑，无氧化皮及外来污物，应保证压痕对角线的测量精度，试样表面粗糙度Ra值不大于1.6μm，试验后试样背面不出现可见变形	硬质合金球形压头为标准型洛氏硬度压头，如有规定，可使用钢球压头，应在10~35℃之间且较小温度变化范围内进行
	GB/T 4341.1—2014《金属材料　肖氏硬度试验 第1部分:试验方法》	肖氏硬度	试样试验面应为平面或曲面，曲率半径不应小于32mm，试样质量≥0.1kg，试样厚度≥10mm，试样面积尽可能大，试样无磁性；硬度小于50HS，Ra不大于1.6μm；硬度大于50HS，Ra不大于0.8μm	肖氏硬度试验范围为5~105HS，在室温下进行
	GB/T 21838.1—2019《金属材料　硬度和材料参数的仪器化压入试验 第1部分:试验方法》	—	试样厚度至少为压痕深度的10倍或压痕直径的3倍。压头接触范围内试样表面应无液体、润滑剂或外来污物	通常情况下使用硬质合金压头，硬度值和弹性模量较高的试样需考虑压头变形对结果的影响；表面粗糙度对试验结果的不确定度的影响很大；不确定度的计算应考虑试样表面的倾斜度
美国	ASTM B647—2010《用维氏硬度仪测定铝合金压痕硬度的试验方法》	—	铝合金	介绍了维氏、巴氏和新式的便携式硬度测试方法
	ASTM B648—2010《用巴氏压痕仪测定铝合金压痕硬度的标准试验方法》			

8. 疲劳强度

（1）疲劳强度　疲劳强度测试标准见表2-8。

表2-8　疲劳强度测试标准

标准分类	标准名称	试样要求	备注
中国	GB/T 3075—2008《金属材料　疲劳试验　轴向力控制方法》	圆形和矩形横截面试样的轴向力控制疲劳试验	直到样品失效或者应力循环次数超过规定的次数时停止试验
	GB/T 26077—2010《金属材料　疲劳试验　轴向应变控制方法》	避免试样表面状态对试验结果的影响，试样标号唯一	轴向应变是可控的应变疲劳试验，直至样品失效时结束测试。恒温恒湿条件下应变控制且应变比等于-1的单轴加载试样；介绍了几种不同试样的推荐尺寸及装置

(续)

标准分类	标准名称	试样要求	备注
中国	GB/T 26076—2010《金属薄板(带)轴向力控制疲劳试验方法》	试样厚度为 0.3~3mm 的金属片材,其矩形横截面的最小横截面积小于 30mm^2,表面残余应力和加工硬化最小,工作部分与圆弧连接部分应光滑	当试样温度超过 35℃ 时,应在试验报告中说明;试验频率在 5~200Hz,建议为 5~15Hz;试样在规定应力下,一直连续试验至试样失效或规定循环次数,试样失效应发生在试样工作段或最大应力截面处,否则试验无效
	GB/T 6398—2017《金属材料 疲劳试验 疲劳裂纹扩展方法》	C(T)、M(T)、SE(B)代表试样厚度、宽度、切口长度均有不同的规定	试样平面尺寸在试验力下保持弹性占优势,厚度足以防止弯曲
	GB/T 33812—2017《金属材料 疲劳试验 应变控制热机械疲劳试验方法》	圆柱试样、圆管试样、矩形试样,试样表面粗糙度 R_z 值<0.2μm	适用于恒定机械应变和温度循环条件下,对应任意恒定的循环应变比和恒定的温度机械应变相位差的试验。循环次数通常考虑循环疲劳的范畴,及疲劳寿命 $N_f \leq 10^5$
	GB/T 4337—2015《金属材料 疲劳试验 旋转弯曲方法》	试样可为圆柱、圆锥、漏斗形,工作部分应为圆形横截面,每个试样实际最小直径的测量精确应至 0.01mm	金属材料在室温和高温旋转弯曲条件下进行的疲劳试验,其他环境下的旋转弯曲疲劳试验可参考本标准
	GB/T 12443—2017《金属材料 扭转控制疲劳试验方法》	试样可为圆柱形或漏斗形,工作部分为圆形横截面;尺寸范围为 5.0~12.5mm,实际最小直径的测量精度不低于 0.01mm,工作部分与夹持部分的同轴度不大于 0.01mm	室温下,圆形横截面公称直径为 5.0~12.5mm 的金属光滑试样
美国	ISO 12108—2018《金属材料 疲劳试验 疲劳裂痕增长试验》	切口样品	测试结果决定了试样在循环力测试条件下材料的裂纹传播阻力大小
	ASTM E2714—13《蠕变疲劳试验的标准试验方法》	名义上的匀质试样	在高温条件下,测定与蠕变疲劳变形或开裂变形有关的机械性能;同时该测试需要连续或同时应用负载,以产生由蠕变变形导致的周期性损坏

(2) **断裂韧性性能** 断裂韧性性能测试标准见表 2-9。

表 2-9 断裂韧性性能测试标准

标准分类	标准名称	试样要求	备注
中国	GB/T 21143—2014《金属材料 准静态断裂韧度的统一试验方法》	三点弯曲试样、直通型缺口紧凑拉伸试样、台阶型缺口紧凑拉伸试样	利用阻力曲线或作为一个点值来测定断裂韧性
	GB/T 19744—2005《铁素体钢平面应变止裂韧度 KIa 试验方法》	试样材料为中、低强度钢,试样平面尺寸足够大,厚度满足平面应变条件	适用于侧面开槽,裂纹线楔形加载试样,在裂纹前缘获得拉伸断裂的快速止裂部分;适用于室温、低温和高温条件下用紧凑止裂试样(CCA)测定铁素体钢的平面应变止裂韧度
	GB/T 5319—2002《烧结金属材料(不包括硬质合金)横向断裂强度的测定》	试样厚度为 6mm,长度方向的偏差不大于 0.1mm,宽度方向的偏差不大于 0.04mm,试样中心处宽度和厚度的测量精度为 0.01mm	适用于整个界面硬度均匀,塑性极小(两支间的永久变形约小于 0.5mm)的烧结金属材料
	GB/T 229—2020《金属材料 夏比摆锤冲击试验方法》	V 型和 U 型缺口试样	室温为 (23±5)℃,有特别规定的,应在规定温度±2℃下进行
	GB/T 19748—2019《金属材料 夏比 V 型缺口摆锤冲击试验 仪器化试验方法》	V 型缺口试样	适用于钢的夏比 V 型缺口试样,也可用于其他金属材料和 U 型缺口试样的试验

(续)

标准分类	标准名称	试样要求	备注
美国	ISO 22889—2013《金属材料 低拘束试验测定稳定裂纹扩展阻力的试验方法》	匀质金属材料	适用于致密试样以及较薄的中等开裂的拉伸试样
	ASTM B645—2015	铝合金	在 ASTM E399 标准的基础上为铝合金平面裂纹断裂韧性提供补充信息,主要涉及取样、尺寸选择及不合理结果的解释
	ASTM B646—17《铝合金断裂韧性试验标准实施规程》	铝合金	指出在特定情况下使用哪些当前标准,并在没有标准的情况下提供指导信息,该方法既可以直接测量断裂韧性,也可以进行筛选试验,节约成本
	ASTM B909—17《非应力消除铝制品的平面应力断裂强度试验的标准导则》	铝制品	针对弯曲应力不可消除的铝制品提供指导信息,提出了识别残余应力何时会对测试结果产生明显偏离的准则,以及最小化测试过程中影响残余应力的方法

(3) 裂纹扩展性能　裂纹扩展性能测试标准见表 2-10。

表 2-10　裂纹扩展性能测试标准

标准分类	标准名称	试样要求	备注
中国	HB 7623—1998《金属材料蠕变裂纹扩展速率试验方法》	试样形状和尺寸选用标准的紧凑拉伸试样	适用于金属材料在高温下用紧凑拉伸试样施加恒定载荷测定材料蠕变裂纹扩展速率
	GB/T 24522—2020《金属材料 低拘束试验测定稳态裂纹扩展阻力的试验方法》	紧凑拉伸试样和中心裂纹拉伸试样	应以±2℃的准确度控制试样的试验温度
	GB/T 6398—2017《金属材料 疲劳试验 疲劳裂纹扩展方法》	紧凑拉伸试样、中心裂纹拉伸试样、单边缺口拉伸试样、三点弯曲试样、四点弯曲试样、八点弯曲试样。	适用于测量各向同性的金属材料以线弹性应力为主,并仅有垂直于裂纹面的力和固定应力比条件下的裂纹扩展速率。标准中也规定了每种标准试样的尺寸和厚度
美国	ASTM E740—09《用表面破裂张力试样做断裂检测的标准实施规范》	表面裂纹拉伸试样	需要不断增加作用力并保持一定载荷
	ASTM E1681—03《测定金属材料环境致裂的界限应力强度因子的标准试验方法》	试样厚度和尺寸满足试验要求即可	在室温环境测定由环境作用产生裂纹的金属材料应力强度因子阈值

2.1.2　非金属增材制造产品性能表征

对于非金属增材制造产品,应尤其关注其几何变形。对于其性能参数,应考虑其力学性能参数,包括抗拉强度、屈服强度、延伸率和断面收缩率。

抗拉强度是表征材料抵抗最大均匀塑性变形的能力,拉伸试样在承受最大拉应力之前,变形是均匀一致的,但超出之后,开始出现缩颈现象,即产生集中变形;对于没有(或有很小)均匀塑性变形的脆性材料,它反映了材料抵抗断裂的能力,单位为 MPa。

屈服强度是材料发生屈服现象时的屈服极限,也就是抵抗微量塑性变形的应力。对于无出现明显屈服现象的材料,规定以产生 0.2% 残余变形的应力值作为其屈服极限,称为条件屈服极限或屈服强度。大于屈服强度的外力将会使零件永久失效,无法恢复。

塑性是描述材料在断裂前发生不可逆的变形的能力,常用断后伸长率 A 和截面收缩率 Z

来表示。断后伸长率是指试样拉伸断裂后标距的伸长量与原始标距的百分比：$A=(L_u-L_o)/L_o\times100\%$。

断面收缩率是衡量材料塑性变形能力的指标，采用标准拉伸试样测试。试样拉断时缩颈部位的横截面积与原始横截面积之差，除以原始横截面积之商的百分比即为断面收缩率：$(S_o-S_u)/S_o\times100\%$。该值越大，说明材料的塑性越好。

对于非金属材料增材制造试样的性能测试项目见表 2-11。

表 2-11 非金属材料增材制造试样的性能测试项目

项 目	重 要 度		
	H[①]	M[①]	L[①]
硬度	+[②]	+	+
拉伸性能	+	+	+
冲击性能	+	+	0
压缩性能	+	+	0
弯曲性能	+	0[②]	0
疲劳性能	+	0	−[②]
蠕变性能	+	0	−
抗老化性能	+	0	−
剪切性能	+	0	0
摩擦性能	+	0	−
玻璃化转变温度/熔融温度	+	0	−
耐热性能	+	+	0
密度	+	+	+

① 根据零件的重要性程度可以分为以下三个等级：H 表示工程用重要零件（安全优先）；M 表示非安全优先的功能零件；L 表示设计或原型阶段零件。

② 表中符号+表示应满足的性能，符号 0 表示推荐满足的性能，符号−表示此性能不做要求。

1. 硬度试验试样

硬度试验试样的具体要求包括：

1）试样尺寸应足够大，确保压痕点距离任意边缘不小于 10mm，任何两个压痕点之间距离不小于 10mm，且试样厚度不小于 6mm。推荐试样尺寸为 65mm×25mm×6mm 或 45mm×35mm×6mm 的平板。

2）试样表面应平整，测试面与支撑面应保持平行，平行度宜控制在 0.2mm 以内。

2. 拉伸试验试样

拉伸试验试样的具体要求包括：

形状和尺寸推荐采用拉伸 1 型——哑铃型试样（图 2-1）或拉伸 2 型——矩形试样（图 2-2），除非另有约定。

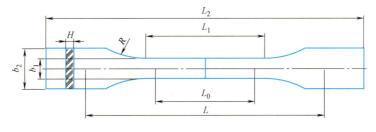

图 2-1 拉伸 1 型试样

图 2-1 中的尺寸代号含义与优选尺寸如下:

1) L 为夹具间的初始距离,优选尺寸为 $120±1mm$;
2) L_0 为标距,优选尺寸为 $50±0.5mm$;
3) L_1 为窄平行部分长度,优选尺寸为 $60±0.5mm$;
4) L_2 为总长度,优选尺寸为 $≥160mm$;
5) H 为厚度,优选尺寸 4~6mm;
6) b_1 为狭窄部分宽度,优选尺寸为 $10±0.2mm$;
7) b_2 为端部宽度,优选尺寸为 $20±0.2mm$;
8) R 为过渡处曲率半径,优选尺寸为 $≥60mm$。

图 2-2 中的尺寸代号含义与优选尺寸如下:

1) L 为夹具间的初始距离,优选尺寸为 $150±1mm$;
2) L_0 为标距,优选尺寸为 $50±0.5mm$;
3) L_1 为总长度,优选尺寸为 $≥250mm$;
4) h 为厚度,优选尺寸为 4~10mm;
5) b_1 为宽度,优选尺寸为 $25±0.5$ 或 $50±0.5mm$;

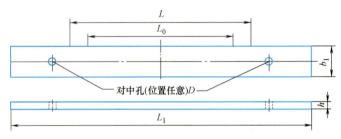

图 2-2 拉伸 2 型试样

6) D 为对中孔直径,优选尺寸为 $3±0.25mm$。

3. 冲击试验试样

冲击试验试样的具体要求包括:

1) 按照试样形状类型分为冲击 1 型试样——无缺口正向方板(图 2-3)、冲击 2 型试样——无缺口侧向方板(图 2-4)和冲击 3 型试样——单缺口侧向方板(图 2-5)。当打印层与冲击方向平行时,宜选择 2 型试样;当研究表面效应(因层间剪切产生破坏或环境对表面产生影响)时,应选择 1 型试样。

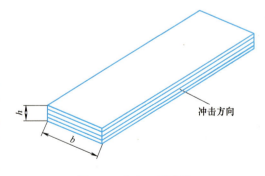

图 2-3 冲击 1 型试样

h—试样厚度 b—试样宽度

2) 缺口形状有三类(图 2-6),优先选用 A 型缺口。如果 A 型缺口试样在试验中不破坏,应采用 C 型缺口试样。需要试验零件缺口的灵敏度信息时,应试验具有 A、B 和 C 型缺口的试样。

试验方法如下:

试验设备、试样数量、状态调节、试验步骤、结果计算与表示、试验报告等的要求,按照表2-12给出的试验项目对应的试验标准执行。

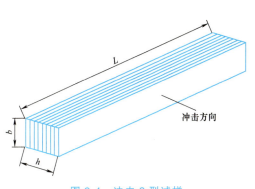

图2-4 冲击2型试样

h—试样宽度　b—试样高度　L—试样长度

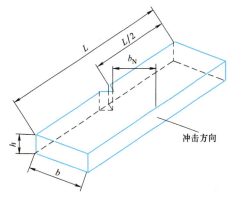

图2-5 冲击3型试样

h—试样厚度　b—试样宽度　L—试样长度

b_N—试样缺口底部剩余宽度

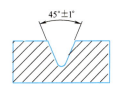

缺口底部半径

$r_N=0.25\pm0.05$mm

a) A型缺口

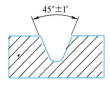

缺口底部半径

$r_N=1.00\pm0.05$mm

b) B型缺口

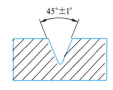

缺口底部半径

$r_N=0.10\pm0.02$mm

c) C型缺口

图2-6 缺口形状

注：缺口底部剩余宽度b_N（图2-5）取值为$b_N=8.0\pm0.2$mm。

表2-12 热塑性材料熔融沉积成形零件主要性能的试验方法标准

试验项目	试验方法标准
硬度	GB/T 3398.1—2008、GB/T 3398.2—2008、GB/T 2411—2008
拉伸性能	GB/T 1040.1—2018、GB/T 1040.4—2006
冲击性能	GB/T 1043.1—2008、GB/T 1843—2008
压缩性能	GB/T 1041—2008
弯曲性能	GB/T 9341—2008
疲劳性能	GB/T 35465.3—2017
蠕变性能	GB/T 11546.1
抗老化性能	GB/T 16422.1—2014、GB/T 16422.2—2014、GB/T 16422.3—2014、GB/T 16422.4—2014
剪切性能	GB/T 3355—2014
摩擦性能	GB/T 3960—2016
玻璃化转变温度	GB/T 19466.2—2004
熔融温度	GB/T 19466.3—2004
耐热性能	GB/T 1634.1—2019
密度	GB/T 1033.1—2008

2.2 增材制造产品质量控制手段

目前我国增材制造产业快速发展，行业的规范和发展需要国内增材制造行业的企业和组织齐心协力，共同制定和实施增材制造产业标准，合力推动行业的标准化进程。目前增材制造在材料、装备、产品性能、质量、尺寸精度、可靠性、材料与设备的匹配性等方面仍缺少有效的质量技术评价标准，在医疗和航空航天领域的认证和审批制度也尚未建立，行业质量技术评价体系及标准体系尚不完善，也影响了增材制造的产业化发展。

对于增材制造的产品来说，常见的质量缺陷包括开裂、变形和超差。在不同环节中可能产生的缺陷如下：

(1) 热处理环节

1）力学性能不符合要求。
2）内部残留粉末导致产品缺陷。
3）变形导致几何尺寸超差。

(2) 去支撑环节 操作失误导致产品损坏。

(3) 线切割环节 切割失误导致几何尺寸缺量。

(4) 表面处理环节

1）致密度缺陷，出现砂眼、气孔等。
2）喷砂、喷丸导致的变形（对薄壁结构）。

在某加工企业中，增材制造产品的缺陷发生频率统计如图2-7所示。

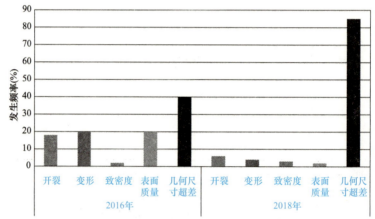

图2-7 增材制造产品缺陷发生频率统计图

说明：
1）随着工艺设计的逐步成熟，增材制造行业服务的整体不良率在持续下降。
2）开裂和变形的发生频率显著下降，这与产品设计和工业设计的配合加强关系密切。
3）几何尺寸超差的发生频率近年来并无显著下降的迹象，且随着其他类型不良的频率下降，其发生频率的占比显著提高。

经统计、分析发现，可使增材制造产品的质量持续改善的因素包括：

1）人为因素：包括设备的设计与制造、控制系统及软件的开发（测试）、设备供应链管理、材料改性与制粉工艺控制、材料检验、材料工艺参数开发和产品工艺设计。

2）设备因素：包括激光功率、成型尺寸、铺粉或送粉质量、氧含量控制、除尘过滤、一致性与可靠性。

3）材料因素：包括粒径分布、球形度、氧含量和化学成分。

4）过程因素：包括产品设计、工艺设计和后处理。

增材制造产品质量的改善从改善产品设计开始，避免易收缩开裂的结构，如过薄的结构、厚度剧烈变化的结构和其他导致应力集中的部位；改善工艺设计，包括摆放方向、支撑结构设计、分层设定和过程参数设定；改善设备的质量控制、后处理工艺和检验工序的标准化。

2.3 基于仿真分析的产品性能预测技术

对于增材制造产品质量的控制方式,除了在加工工艺方面不断进行尝试和优化外,利用计算机仿真软件进行不同工艺参数下的性能预测,也是一种控制产品质量的有效手段。计算机仿真技术的广泛应用,可提高成形的成功率,促进生产应用。数字模拟技术包括以下几方面:

1) 成形过程的宏观模拟,主要包括应力场、温度场、开裂、变形和刮刀碰撞模拟。
2) 工艺过程的微观模拟,主要包括微观熔池和凝固模拟、成型件性能与材料性能的模拟。
3) 成型惰性气流流场模拟,主要包括惰性气流速度场和压力场的模拟。

1. 增材制造成型过程的宏观模拟

随着金属增材制造技术的不断深入应用,如何提高制造质量、制造效率、降低制造成本,逐渐成为人们关注的焦点。利用仿真分析工具开展增材制造过程分析,可以有效帮助企业快速固化不同零件的成型工艺,提高零件的成型质量和效率,缩短零件的生产周期和降低废品率。

宏观尺度的增材制造过程仿真分析包括借助仿真分析工具进行构件的快速摆放设计、支撑优化、结构优化、变形补偿以及热处理过程的仿真分析与优化。

(1) 借助仿真分析实现构件快速摆放　构件摆放方式直接决定着构件能否成功成型以及成型的质量、时间和成本,对于复杂构件,仅依靠操作人员的经验很难快速确定最佳摆放方式,往往需要借助工艺试错实验来确定,不仅给企业添加额外制造成本,而且大量延长了产品研发和生产周期。利用仿真分析,从构件变形、应力分布、支撑添加量、成型时间等因素综合对比,可以帮助操作人员快速确定构件最佳的摆放方式。

(2) 利用仿真分析优化支撑结构　工艺支撑(具有支撑、约束、散热作用)既要保证构件的成型质量,又要容易去除,且支撑内部粉末要容易回收,避免原料浪费。因此,对于激光粉末床熔化成型工艺过程,支撑结构的设计和优化极其关键。以往支撑结构优化手段匮乏,主要依靠操作人员工艺试错试验,所以耗时、耗力、耗材。基于增材仿真分析进行支撑结构优化,可以避免反复的工艺试验过程。

(3) 借助仿真分析实现构件结构优化　激光粉末床熔化成型工艺具有自身独特的制造特征约束,包括工艺、材料性能以及结构特征约束。目前拓扑优化软件很难完全考虑制造约束,利用拓扑优化结果直接成型,往往需要添加大量的工艺支撑,而且拓扑优化结果中的薄壁结构、细小连接杆等增加了成型风险。因此,需要对结构再次进行基于增材制造约束的优化设计,经过优化设计悬垂面减少,成型时支撑添加量减少,薄壁特征、细小连接杆等特征也得到优化,成型成功率得以提高,制造成本也将明显降低。

(4) 通过变形补偿提高成型精度　金属增材制造构件的热变形很难避免,控制手段通常包括支撑约束、工艺参数优化等。热变形对于构件成型质量影响较大(精度要求超过工艺制造精度时,必须依靠后处理和机械加工手段来保证),对于某些装配要求较高的构件,一定程度的热变形失真可能直接导致零件报废。

借助仿真软件分析,自动输出变形补偿模型,以变形补偿模型作为实际成型的源文件,可以有效提高构件成型精度。

(5) 增材制造后处理——热处理仿真分析优化　金属增材制造快速成型的凝固过程,可以得到较为细密的微观组织结构,然而,由于其"先天"的工艺特征,成型构件的残余应力和成型材料的内部气孔缺陷很难避免。通常情况下,金属增材制造成型材料具有"高强低塑"特征,且部分合金材料在快速凝固过程中强化相来不及析出,因此,成型后材料的塑性或强度指标需要通过热处理进一步改善。热处理作为金属增材制造较为重要的后处理组织性能调控环节,可以有效提高成型材料的综合力学性能以及消除材料的内部缺陷。利用仿真分析工具,对增材制造热处理进行仿真分析,可以达到优化热处理工艺参数的目的。

2. 增材制造成型过程的微观模拟

微观尺度的增材制造过程仿真分析,主要关注熔池特征、微观组织结构特征及详细的温度变化过程特征,通过快速计算不同工艺参数组合下的熔池尺寸、未熔合产生的孔隙率以及微观结构晶粒尺寸、取向等来优化工艺参数,最终实现对成型材料力学性能的调控。

(1) **通过熔池尺寸特征优化不同激光功率与扫描速度的组合** 金属增材制造成型质量很大程度上由微观熔池尺寸特征决定,而激光功率、扫描速率是控制熔池尺寸特征的基本参数,较优的激光功率与扫描速率匹配组合,可以避免钥匙孔、未熔合、球化等缺陷的产生。

(2) **分析不同扫描间距下粉末未融合产生的孔隙率** 确定激光功率与扫描速率的较优匹配之后,不同的扫描间距将产生不同的搭接率,较大的扫描间距可能产生气孔、未熔合等材料内部的冶金缺陷,较小的扫描间距可能导致搭接率过大,影响成型效率及表面质量。

(3) **分析不同工艺参数下晶粒尺寸与取向特征** 材料的微观组织结构特征如晶粒尺寸、形状、生长取向等决定了材料的宏观力学性能。金属增材制造过程中,微观组织结构对工艺参数具有较高的敏感性,研究工艺参数与微观组织结构特征的定量关系非常重要。

(4) **构件几何结构的温度变化过程预测** 金属增材制造过程的质量监控必不可少,对应的增材制造设备也将更加智能化,如温度传感器(实时监测熔池温度)、光敏传感器(实时监测熔池亮度、面积)、智能铺粉、实时成型材料缺陷监测等设备,实时监控技术已经成为应用热点。

温度传感器可以实时获取熔池表面的温度变化及分布特征,但很难精确描述熔池内部的温度演变过程。利用仿真手段,对构件几何结构任意区域的详细温度变化过程进行虚拟预测,可以为构件的成型精度、内部缺陷、微观组织及力学性能的质量追溯、分析评价提供温度变化过程数据。

3. 增材制造成型惰性气流流场模拟

在粉末床熔融金属增材制造过程中,惰性气体的流动情况对构件的关键属性(孔隙率和压缩强度)会产生一定程度的影响。通过提高对腔室中的气体流量分布的控制能力,能够制造更紧密公差、质量更高的零件。对打印腔室的流场的重点研究,能对设计提出指导性建议,保证打印腔室内的环境,提高打印效率与质量。涉及的流体研究主要包括入口均匀性分析、废气置换管路分析、腔体内部气体均匀性、惰性气体置换、烧结烟气仿真以及机箱散热分析。德国 SLM Solution 公司的金属增材制造设备已经在流场分布方面进行了优化,并获得了较好的零件打印质量。

习题

1. 金属增材制造产品的性能表征指标有哪些?
2. 增材制造产品相对致密度的测量方法有哪些?简要说明其测量原理。
3. 增材制造产品的力学性能(包括静态力学性能和疲劳性能)的测试方法有哪些?
4. 非金属增材制造产品的测试项目有哪些?
5. 增材制造产品的质量控制手段有哪些?和传统的减材制造质量控制手段有什么区别?
6. 增材制造产品性能的仿真预测技术有哪几种?仿真预测技术的优点是什么?

第3章 增材制造技术仿真分析方法

3.1 增材制造仿真软件简介

增材制造仿真是一个广泛的概念，从打印材料的熔化到刀具路径的选择，再到打印后处理工艺，整个增材制造流程几乎都可以通过仿真软件进行模拟。借助仿真软件的力量，增材制造零件的设计能够得到优化，打印失败的情况也将减少。

研发一个新的金属增材制造零件往往需要进行多次尝试，但金属增材制造和打印材料非常昂贵，从经济角度来看，没有太多的犯错机会或返工空间。当金属增材制造作为一种工业生产技术时，保证初次打印时就获得成功的零件则非常重要。

通过仿真技术对整个零件的构建过程进行模拟是保证初次打印成功的重要手段，包括模拟零件之间的热交互、支撑结构和残留粉末。此外，通过仿真考虑对设计的几何结构进行调整以及抵消在构建过程中产生的热变形所必需的支撑结构也很重要。

由于仿真技术能够涵盖整个增材制造过程，市场上各种增材制造仿真软件的应用侧重点也有所不同。

1. ANSYS

ANSYS增材制造仿真技术（图3-1）的聚焦点是金属增材制造工艺，包括粉末床熔融和定向能量沉积两种。

ANSYS面向增材工艺设计的仿真解决方案包括：面向产品设计人员的工艺仿真软件ANSYS Workbench Additive；面向工艺人员的ANSYS Additive Print；面向金属增材制造专家、工程分析师、材料科学家、设备、粉末制造商的ANSYS Additive Science。

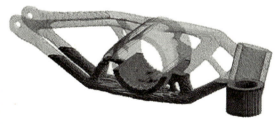

图3-1 ANSYS 增材制造仿真

ANSYS增材制造仿真的应用价值体现在改善、减少和开发几个方面：改善，包括改善金属增材制造设计流程、工艺过程、机器生产率、材料利用率、可重复性和质量；减少，包括减少打印失败次数、打印时间、不合格零件、后处理时间、试错、设备维护和对环境的影响；开发，包括开发新材料、新机器、新参数、个性化微观结构和期望的材料属性。

2. Amphyon

Amphyon 仿真软件由 Additive Works 公司与 Altair 合作开发，Altair HyperWorks 软件用户也可以使用 Amphyon。Amphyon 的仿真技术专注于金属增材制造，特别是激光熔融增材制造技术。

Amphyon 仿真模拟的领域是打印预处理和生产自动化，软件能够帮助金属增材制造用户预测和避免零件在增材制造过程中发生变形，减少许多与金属增材制造相关的常见问题，包括裂纹、表面质量差、密度不足等问题。

3. Simufact Additive

Simufact Additive 的仿真技术涵盖构建过程的模拟以及后续一系列增材制造步骤的模拟。

构建过程的模拟包括：帮助用户识别最佳构建方向，自动补偿最终零件的变形，自动优化支撑结构并识别制造问题，如裂缝。Simufact Additive 还能够对金属增材制造零件经历热变形进行模拟，从而在设计时对热变形做出补偿。这一功能使失真的位移减少 50%，金属增材制造商无需通过增材制造制件进行测试。

对后续一系列增材制造步骤的模拟包括热处理、打印底板切割分离，以及去除支撑结构和热等静压。

Simufact Additive 能够和 Materialise Magics 以及增材制造设备厂商的构建准备软件（如英国雷尼绍公司的 QuantAM）衔接。

4. Netfabb

Autodesk 的 Netfabb 系列产品（图 3-2）可用于模拟粉末床熔融增材制造工艺。Netfabb 以其创成式设计功能著称，该软件还包含以下与增材制造相关的一系列功能：

1）将 CAD 文件快速转换成可编辑的 STL 格式文件。
2）编辑和优化增材制造模型。
3）预测金属零件的结构应力和变形的仿真能力。
4）可增加支撑结构，并能将零件添加到打印件中的构建支持模块。
5）增强零件和实现轻量化的创成式设计工具。
6）提供一种先进的刀具路径引擎，可通过调整打印速度、聚焦、激光功率或电子束功率等参数优化零件和打印效率。

Netfabb 产品系列包括三种软件，分别为 Netfabb Premium、Netfabb Ultimate 和 Netfabb Local Simulation。其中，Netfabb Premium 为用户提供基于云的仿真模拟功能，Netfabb Ultimate 提供所有云功能，并引入了使用本地计算资源执行仿真的能力，具体取决于仿真部件的复杂性和大小。

图 3-2　Netfabb 位移分析

5. GENOA 3DP

与多数只专注于金属增材制造仿真技术的软件不同，GENOA 3DP 支持聚合物、金属和陶瓷的增材制造虚拟仿真和分析。

该软件模拟与增材制造零件构建相关的材料和工艺参数，为用户提供了导入 STL 格式文件、G 代码以及生成结构网格的能力,还能运行分析并优化构建,以减轻产品重量,降低废品率。

GENOA 3DP 的特征包括预测残余应力、变形和分层,并预测断裂和失败类型,以及每种失败因素所占比例。结合了非均匀热结构材料模型和多尺度渐进式失效分析,软件可以准确预测在增材制造构建过程中可能出现的空洞、分层、偏转、残余应力、损伤和裂纹扩展。

6. FLOW-3D

FLOW-3D 仿真软件除了能够模拟金属增材制造工艺,如粉末床熔融和直接能量沉积,还能够模拟黏结剂喷射增材制造工艺。

在粉末床熔融工艺的仿真模拟中,FLOW-3D 软件考虑粉末填料、功率扩散、激光熔化粉末、熔池形成和凝固等过程,并依次重复这些步骤进行多层粉末床熔融工艺仿真模拟。多层模拟可以保存先前固化层的热历史,然后对扩散到先前固化床上的一组新粉末颗粒进行模拟。FLOW-3D 可以评估固化床中的热变形和残余应力,也可以将压力和温度数据输出到其他有限元分析软件中。

FLOW-3D 可以模拟粉末的扩散和填充、激光与颗粒的相互作用、熔池动力学、表面形态和随后的微观结构演变过程。这些详细分析有助于用户了解工艺参数(如扫描速度、激光功率和分布以及粉末填充密度)在影响增材制造部件的构件质量方面的作用。

在黏结剂喷射增材制造仿真模拟中,FLOW-3D 软件能够模拟树脂的渗透情况以及在粉末床中的横向扩散情况。

7. Materialise

Materialise 公司在其 Magics 软件中集成了 Simufact 的仿真功能,金属增材制造的操作人员无须在数据准备软件和仿真软件之间来回切换,即可利用仿真结果来修改部件的摆放角度和支撑结构。这个仿真模块易于使用,它不是一个研究工具,而是一个可以日常运用的生产工具。Magics Simulation 模块作为现有软件中的完全嵌入式集成仿真模块,用户无须在不同软件包之间进行更换就可以使用仿真功能。

Magics 仿真模块专注于金属增材制造仿真,采用基于 Simufact 仿真技术的机械固有应变方法。它还具有无缝集成的可视化功能,如变形、收缩线、重涂冲突、根据模拟结果调整支撑的能力。未来 Materialise 进一步通过仿真来推动金属增材制造工作流程,如优化支撑结构、零件摆放方向、切片等,帮助增材制造用户将打印设备的使用容量最大化。通过使用 Magics 中的仿真功能,用户可以快速发现并解决加工中的问题,降低加工失败的风险,这有助于提高金属增材制造的效率,从而改善运营成本。

8. 西门子

西门子仿真软件的特点在于,采用务实的方法模拟基于混合微观结构的数据集,该数据集结合了计算和经验信息。这种方法能够校准过程,以持续改进模拟结果。增材制造仿真是西门子软件中一个比较新的模块,通过设计、仿真与增材制造之间自动相互作用的价值,将最大限度地减少首次打印零件的工作量。

西门子仍持续研究增材制造的仿真技术。例如:研究仿真精度和方差;与用户合作测试模拟过程的准确性;研究如何通过识别局部过热区域和调整这些区域的打印过程来抵消打印失真。

此外除了粉末床金属增材制造仿真,西门子还在开发塑料增材制造工艺、金属直接能量沉积工艺以及喷射工艺的增材制造仿真技术。

9. e-Xstream

e-Xstream 仿真技术的强项在于复合材料和结构多尺度建模，该公司专注于开发聚合物和复合材料增材制造仿真技术。

e-Xstream 本身是研发材料建模技术的公司，其 Digimat 材料建模技术是 e-Xstream 在多尺度建模和非线性微观力学方面与学校、研究中心、企业 15 年的协作研发成果，增材制造复合材料仿真技术也是在这个基础之上推出的。

基于其 Digimat 材料建模技术和 MSC 有限元技术，e-Xstream 开发了一种综合增材制造解决方案，结合材料工程、工艺模拟和结构工程，以解决增材制造行业面临的主要挑战。

e-Xstream 拥有 270 多个等级和 14500 多个 Digimat 材料模型，并拥有复合材料模型数据库 Digimat-MX。e-Xstream 也在不断为该数据库补充增材制造的现成材料和设备型号，如 Solvay 的 KetaSpire PEEK 粉末（用于熔融沉积成型工艺）和 Sinterline 粉末（用于选择性激光烧结工艺）、Stratasys 的 ULTEM9085 和 1010（用于熔融沉积成型工艺）。

在材料方面，e-Xstream 正在扩展其材料工程的工具 Digimat-MF 和 Digimat-FE，以便对增材制造材料进行虚拟复合，并模拟打印材料的行为；将考虑过程各向异性在内的先进材料模型，通过材料模型数据库 Digimat-MX 进行构建、存储和提升。通过以上功能，用户能够减少对打印件物理测试的需求，了解推动材料行为的关键参数，并轻松创建新材料系统，如轻量化的点阵结构。

在工艺方面，Digimat-AM 是一个针对熔融沉积成型（FDM）、选择性激光烧结（SLS）使用增强复合材料进行增材制造的过程仿真软件解决方案，其作用是预测翘曲和解决补偿失真等打印问题。技术人员能够通过工艺仿真技术评估参数设置对零件翘曲的影响，从而更好地理解和优化打印工艺。

在性能方面，e-Xstream 正在优化其 Digimat-RP 结构分析仿真技术。Digimat-RP 仿真技术的作用是通过预测增材制造零件的性能（如刚度、弹性等）来验证设计，如模拟刀具路径或构建方向。

10. Dassault Systèmes（达索系统）

达索系统在 3DEXPERIENCE 平台中集成了增材制造仿真功能，包括创成式设计、增材制造程序员、增材制造研究员和逆向形状优化器。用户可以在平台中无缝地使用设计、制造和仿真功能。

创成式设计为用户提供定制的拓扑优化设计，以解决特定的增材制造约束，"一键"实现从拓扑优化结果到几何模型的平滑过渡。增材制造程序员则允许用户在虚拟样机上进行打印准备、打印零件摆放、优化支撑和生成刀具路径。增材制造研究员为失真、残余应力和微观结构预测提供热、机械和本征应变模拟。逆向形状优化器可根据预测的失真进行形状补偿。

在达索的软件环境中，完整的数字线程可以连接设计优化、几何重建、构建规划、过程仿真、后处理以及在线仿真。基于 Abaqus 求解器，达索提供可定制的仿真技术，包括多种增材制造工艺的仿真，如粉末床熔融成型、直接能量沉积成型、材料沉积成型和材料喷射成型。

11. COMSOL

COMSOL 拥有多物理场仿真技术，COMSOL Multiphysics 结合了最常见的附加产品，包括结构力学模块、非线性结构材料模块和传热模块。COMSOL 的部分用户还会选择使用电磁学和化学分析模块。

结构力学模块可以通过一种称为材料活化的技术处理无应变状态的材料沉积，该模块通常与传热模块一起使用，以便在材料沉积的同时进行更高级的热分析。该模块主要用于金属增材制造，偶尔也用于塑料增材制造。该模块拥有通用工具，可用于增材制造过程所需的刀具路径模拟。

COMSOL 有部分客户是增材制造设备厂商，他们使用 COMSOL Multiphysics 仿真技术进一步了解专用增材制造工艺背后的物理现象，进一步开发其增材制造工艺，以及研究如何改变物理过程，以提高打印件性能。

目前应用于增材制造的仿真软件有以上几种，每种软件都有其自身的优势。在本书中，以 ANSYS 软件为例，详细介绍增材制造的微观、宏观工艺过程仿真方法，以预测增材制造制件的性能。

3.2　ANSYS 温度场、应力场和流场分析

应用 ANSYS 软件可以实现增材制造过程的温度场、应力场和流场的分析。在温度场和应力场的仿真分析中，可以采用 ANSYS APDL 参数化语言和 ANSYS 增材套件中的 ANSYS Workbech Print 模块。

3.2.1　APDL 语言基础知识

APDL 是 ANSYS 参数化设计语言，它提供一般程序语言的功能，如参数、标量、宏、向量、矩阵运算、分支以及访问 ANSYS 有限元数据库等。此外，APDL 语言还能够提供简单的界面定制功能，实现参数交互输入、消息机制和界面驱动等。

利用 APDL 的程序语言与宏技术组织管理 ANSYS 的有限元分析命令，就能够实现参数化建模、施加参数化载荷与求解以及显示参数化后处理结果，从而实现参数化有限元分析的全过程。APDL 语言可以自动完成大部分图形用户界面（GUI）的操作任务，甚至可以完成某些 GUI 无法实现的功能，如参数化建模和求解控制等。APDL 还具有以下特点，如重复执行一条命令、选择结构（if-then-else）、循环结构（do-loop）；能够实现对标量、矢量矩阵等进行代数运算。并且，建立的 APDL 命令流文件不受软件版本和系统平台的限制，特别适用于复杂模型及模型需要进行多次修改和重复分析的情况。

APDL 基础内容

（1）参数

1) 定义参数。和其他的编程语言一样，APDL 对于参数的命名也有相关的规则。

① 参数名不超过 8 个字符，并以字母开头。

② 参数名中只能出现字母、数字和下划线。

③ 避免以下划线开头，这在 ANSYS 中另有他用。

④ 参数名不分大小写，如"RAD"和"Rad"是一样的。所有的参数都以大写形式存储。

⑤ 避免使用 ANSYS 的标识字符，如 STAT、DEFA 和 ALL。

对于参数的定义,可以采用直接赋值的方法 Name=Value 或使用*SET 命令指定参数的值。定义参数时,通过单击[Utility Menu]→[Parameters]→[Scalar Parameters],可以在输入窗口或标量参数对话框中输入参数。

例 3-1：

inrad = 2.5

outrad = 8.2

numholes = 4

thick = outrad-inrad

massdens = density/g

circumf = 2 * pi * rad

area = pi * r * * 2

dist = sqrt((y2-y1) * * 2+(x2-x1) * * 2)

slope = (y2-y1)/(x2-x1)

theta = atan(slope)

*SET,jobname,'proj1'

*SET,pi,acos(-1)

*SET,g,386

以上例子是关于标量参数的,它只有一个值（数字或者字符）。ANSYS 也提供数组参数,它有若干个值,数字数组和字符数组都是有效的。如标量参数"xvalues"和数组参数"filname"：

$$xvalues = \begin{pmatrix} 28.7 \\ -9.2 \\ -2.1 \\ 51.0 \\ 0.0 \end{pmatrix} \quad filname = \begin{pmatrix} job1 \\ job2 \\ job3 \\ job4 \\ job5 \end{pmatrix}$$

2）调取参数值。

① 使用参数时,只需在对话框中或通过命令输入参数名。

例如:利用参数定义一个宽度 w=10mm、高度 h=5mm 的矩形,可以通过单击[Preprocessor]→[Create]→[Rectangle]→[By 2 Corners]或输入命令：

/prep7

blc4,,,w,h

注意：当使用参数时,ANSYS 将立刻把参数名换为它的值。

上面这个例子中的矩形将被存为"10×5",而不是"w×h"。也就是说,如果生成矩形后再改变 w 或 h 的值,矩形将不被修改。

其他一些关于参数用法的例子：

jobname='proj1'

/filname,jobname! 作业名

/prep7

youngs = 30e6

mp,ex,1,youngs！杨氏模量

force = 500

fk,2,fy,-force！2 号关键点的力

fk,6,fx,force/2！6 号关键点的力

② 从数据库中获取信息并给参数赋值，使用 ∗get 命令或单击［Utility Menu］→［Parameters］→［Get Scalar Data］。这对获取大量信息很有用，包括模型和结果数据，请参考 ∗get 命令的相关详细资料。

例 3-2：

∗get,x1,node,1,loc,x！x1 = 节点 1 的 X 坐标［CSYS］∗

/post1

∗get,sx25,node,25,s,x！sx25 = 节点 25 的 X 方向应力［RSYS］∗

∗get,uz44,node,44,u,z！uz44 = 节点 44 的 UZ 方向的位移［RSYS］∗

nsort,s,eqv！对节点的 von Mises 应力排序

∗get,smax,sort,,max！smax = 排序的最大值

etable,vol,volu！用 vol 存储单元体积

ssum！对单元表的列求和

∗get,totvol,ssum,,vol！totvol = 对 vol 的列求和

∗CSYS = 激活坐标系（CSYS）

RSYS = 激活的结果坐标系（RSYS）

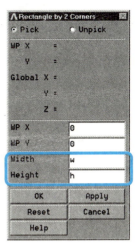

图 3-3　参数输入对话框

③ 一些数据可以通过函数获取。

例 3-3：

x1 = nx(1)！x1 = 节点 1 的 X 坐标［CSYS］∗

nn = node(2.5,3,0)！nn = 在(2.5,3,0)处的节点［CSYS］∗

/post1

ux25 = ux(25)！ux25 = 25 号节点的 UX 值［RSYS］∗

temp93 = temp(93)！temp93 = 节点 93 的温度值

width = distnd(23,88)！width = 23 号节点和 88 号节点间的距离

∗CSYS = 激活坐标系（CSYS）

RSYS = 激活的结果坐标系（RSYS）

在有些地方可以直接取函数值，和使用参数一样。例如：k,10,kx(1),ky(3)！10 号关键点 X 坐标取 1 号关键点的 X 坐标，Y 坐标取 3 号关键点的 Y 坐标

k,11,kx(1)∗2,ky(3)　　　！［CSYS］∗

f,node(2,2,0),fx,100　　　！在节点(2,2,0)施加力 FX［CSYS］∗

ANSYS 中常用的部分取值函数见表 3-1，完整的取值函数可以查阅 ANSYS 软件手册。

表 3-1 ANSYS 常用的取值函数（部分）

取值函数	返回值意义
NSEL(N)	第 N 个节点的状态
ESEL(E)	第 E 个单元的状态
KSEL(K)	第 K 个关键点的状态
LSEL(L)	第 L 条线的状态
ASEL(A)	第 A 个面积的状态
VSEL(V)	第 V 个体积的状态
NDNEXT(N)	节点编号大于 N 的下一个被选节点
ELNEXT(E)	单元编号大于 E 的下一个被选单元
KPNEXT(K)	关键点编号大于 K 的下一个被选的关键点
LSNEXT(L)	线的编号大于 L 的下一个被选线
ARNEXT(A)	面积编号大于 A 的下一个被选面积
VLNEXT(V)	体积编号大于 V 的下一个被选体积
CENTRX(E)	单元 E 在中心位置的 X 坐标值
CENTRY(E)	单元 E 在中心位置的 Y 坐标值
CENTRZ(E)	单元 E 在中心位置的 Z 坐标值
NX(N)	节点 N 在激活坐标系中的 X 坐标值
NY(N)	节点 N 在激活坐标系中的 Y 坐标值
NZ(N)	节点 N 在激活坐标系中的 Z 坐标值
NODE(X,Y,Z)	被选节点中最靠近 X、Y、Z 位置的节点编号
KP(X,Y,Z)	被选节点中最靠近 X、Y、Z 位置的关键点编号
DISTND(N1,N2)	节点 N1 和 N2 之间的距离
ANGLEN(N1,N2,N3)	两条边之间的夹角
PRES(N)	在节点 N 的压力值
VX(N)	在节点 N 处的流体速度 VX

（2）数组参数 数组参数是能够容纳多个值的参数，数组参数可以是 1-D、2-D 或 3-D。1-D 表示 m 行×1 列；2-D 表示 m 行×n 列；3-D 表示 m 行×n 列×k 面。

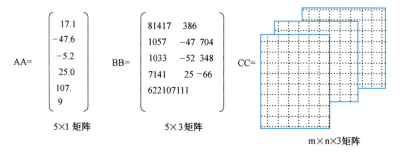

1）数组参数的类型有以下三种：
① 数值数组。
② 数据表。
③ 字符数组。

数值数组是标准的 1-D、2-D 或 3-D 数值矩阵，如下面的 BB 数组：

BB(2,3)= 704

BB(3,1)= 1033

$$BB = \begin{pmatrix} 814 & 17 \\ 386 & \\ 1057 & -47 \\ 704 & \\ 1033 & -52 \\ 345 & \end{pmatrix}$$

5×3 矩阵

数据表除了行、列、面可以是实数外,与数值数组类似,它还有以下特征:

a. 第 0 行、0 列、0 面必须填充数字。

b. 对定义随时间变化的载荷和类似情况非常有用。

例如:数据表 FORCE 可以表示力随时间的变化关系,第 0 行表示时间值。

FORCE(0.4)= 279.9996

FORCE(6.5)= 560.0

FORCE(8.9)= 119.25

一个字符数组是 1-D、2-D 或 3-D 的字符串矩阵,可用来存放文件名(jobs)和自由度标识(dofs)等,每个字符串不超过 8 个字符。

$$\text{文件名} = \begin{pmatrix} JOB1 \\ JOB2 \\ JOB3 \end{pmatrix} \quad \text{自由度标识} = \begin{pmatrix} UX \\ UY \\ UZ \\ ROTY \\ ROTZ \end{pmatrix}$$

2)定义数组的步骤。

① 指定类型和维度,单击[Utility Menu]→[Parameters]→[Array Parameters]→[Define/Edit]→[Add],或使用 *dim 命令。

例如:

*dim,aa,array,4! 4x1x1 array

*dim,force,table,5! 5x1x1 table

*dim,bb,array,5,3! 5x3x1 array

*dim,dofs,char,6! 6x1x1 character array

② 给数组赋值,单击[Utility Menu]→[Parameters]→[Array Parameters]→[Define/Edit]→[Edit],也可以使用 *vedit 命令或"="命令。例如:

bb(1,1)= 11,21,31,41,51

bb(1,2)= 12,22,32,42,52

bb(1,3)= 13,23,33,43,53

对于数组表,必须定义第 0 个位置。否则,取默认值为 7.8886×10^{-31}。

例如:

force(1,1)= 0,560,560,238.5,0

force(1,0)= 1×10^{-6},0.8,7.2,8.5,9.3

force(0,1)= 0

对于字符数组,不能以图形方式填充字符串,使用"="命令输入值,接着用*stat命令显示字符串。每个字符串必须用单引号括起来。

例如:

dofs(1) = 'ux', 'uy', 'uz', 'rotx', 'roty', 'rotz'

*stat, dofs

给数组赋值的其他方法如下:

用*vfill命令或单击[Utility Menu]→[Parameters]→[Array Parameters]→[Fill],预定义函数赋值、跃阶函数、随机函数等。

从一个文件读入数据的命令:*vread用于数值数组;*tread用于数据表;或单击[Utility Menu]→[Parameters]→[Read from File]从数据库获取。

3) 获取数据库信息。正如使用*get命令可以从数据库获取标量数据,可以用*vget命令获取数组信息,或单击[Utility Menu]→[Parameters]→[Get Array Data],先定义数组,然后获取数据。

例如:

*dim, dispval, array, 20, 3! 20x3 array

*vget, dispval(1,1), node, 1, u, x! UX of nodes 1-20 in column 1

*vget, dispval(1,2), node, 1, u, y! UY in column 2

*vget, dispval(1,3), node, 1, u, z! UZ in column 3

其他可获取的数组信息类型:

① 节点和关键点坐标(当前坐标系)。

② 单元属性、体、面等。

③ 实体的选择状态(1表示选上,0表示未选上)。

④ 节点应力与应变、温度梯度、热通量等。

⑤ 单元表数据。

4) 数组操作。

一旦定义了数组参数,就可以对它们进行各种操作。单击[Utility Menu]→[Parameters]→[Array Operations]或使用*vfun、*voper、*vscfun、*vwrite等命令进行相关操作。

① 使用*vfun命令对单个数组操作。

*vfun, b(1), sin, a(1)等价于b(j) = sin(a(j))

可进行的其他操作包括:

a. 求自然对数、常用对数、指数。

b. 求平方根、排序、复制。

c. 局部坐标系与整体坐标系的相互转换关系。

d. 路径的切线和法线矢量。

② 使用*voper命令对两个数组参数操作。

*voper, c(1), a(1), sub, b(1)等价于c(k) = a(k)-b(k)

可进行的其他操作包括:

a. 加、减、乘、除。

b. 最小值、最大值和逻辑运算。

c. 微分和积分。

d. 点积和叉积。

③ 使用 *vscfun 命令定义数组参数的属性。

*vscfun, maxval, max, a(1)等价于一个标量 maxval=max(a(i))

可进行的其他操作包括：

a. 求数组的所有元素的和。

b. 求标准偏差、中值、平均数等统计量。

c. 求最小值/最大值以及确定最小值/最大值的位置。

d. 确定第一个和最后一个非 0 记录的位置。

④ 使用 *vwrite 命令把数据按格式写进文件。例如：

*cfopen,wing,dat

*vwrite

(/,3x,'Node Number',4x,'Temperature',/)

*vwrite,nnum(1),tval(1)

(5x,f6.0,6x,e14.8)

*cfclose

这将会创建一个名为"wing.dat"的文件，包含指定格式的 nnum 和 tval 数组。

(3) 表达式与函数

1) 参数表达式。与其他编程语言一样，参数表达式由参数、数字和运算符组成，APDL 的运算符包括加（+）、减（-）、乘（*）、除（/）、乘方（**）、大于（>）和小于（<）。求值顺序为：先算圆括号──→乘方运算──→乘法或除法──→加法或减法──→逻辑运算。

例如：y=-x+(4*m*n)-(t**2)   ！求 $y=-x+4mn-t^2$

y=COS(3*theta)-3*a**3   ！计算 $y=\cos(3\theta)-3a^3$

2) 参数函数。ANSYS 中提供了三角函数、指数函数等，常用的函数见表 3-2。

表 3-2 ANSYS 常用的函数

函数名	解释说明
ABS(X)	求 X 的绝对值
SIGN(X,Y)	符号函数
EXP(X)	X 的指数函数
LOG(X)	X 的自然对数
LOG10(X)	X 以 10 为底的对数
SQRT(X)	X 的平方根
NINT(X)	接近 X 的最大整数
MOD(X,Y)	求 X/Y 的余数
RAND(X,Y)	在 X 和 Y 范围内的随机数
GDIS(X,Y)	拥有平均值 X 和均方差 Y 的高斯分布随机抽样调查
SIN(X),COS(X),TAN(X)	X 的正弦、余弦和正切
VALCHR(CPARM)	将 CPARM 的数值转换为字符
UPCASE(CPARM)	改为大写字母
LWCASE(CPARM)	改为小写字母

3）函数编辑器。函数编辑器用于定义方程和控制条件，使用一组基本变量、方程变量和数学函数建立方程。打开函数编辑器菜单（GUI）的路径为单击［Utility Menu］→［Parameters］→［Functions］→［Define/Edit］，弹出图 3-4 所示函数加载器对话框，在［Function］选项卡中的［Result］文本框中输入"cos({x})+ln({x})"，单击［Graph］按钮，在弹出函数加载器对话框的［Range Data］文本框中输入定义域，得到图 3-5 所示的数据列表和图 3-6 所示函数曲线。

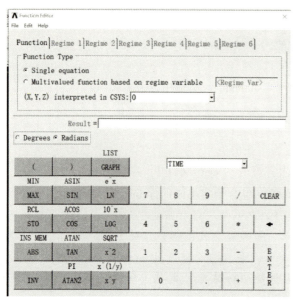

图 3-4　函数加载器

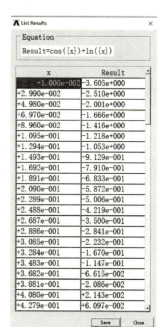

图 3-5　数据列表

（4）宏基础　APDL 语言最强有力的特征之一是创建宏的能力。宏就是一系列储存在一个文件中的 ANSYS 命令，并且能像 ANSYS 命令一样来运行。

常用宏功能如下：

① 它可以如同 ANSYS 命令一样具有变量。

② 能进行分支和循环操作，用来控制一系列命令。

③ 具有交互式特征，如拾取图形、提示信息以及对话框。

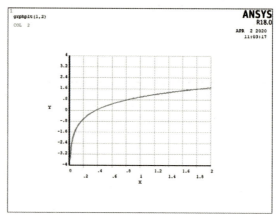

图 3-6　GUI 显示函数曲线

④ 宏可以嵌套，最多可嵌套 20 级。

1）创建宏。创建一个宏，要先在文本编辑器中创建一系列命令，并以文件名"name.mac"保存它们。文件名称的规定如下：

① 以一个字母开始，最长可以达 32 个字符。

② 在文件名中不允许存在空格。

③ 不允许出现特殊字符。
④ 文件名称不能是已存在的 ANSYS 命令。

例如：创建宏"totvolume.mac"用来计算所有单元的整个体积。

esel,all　　　　　　　　！选择所有单元
etable,volume,volu！将所有单元体积建立单元表
ssum！求解单元表选项总和
*get,totvol,ssum,,item,volume！totvol=体积总和
*stat,totvol！计算整个体积值

ANSYS 有关宏文件的 APDL 命令如下：

① *Cfclos：关闭一个"command"（命令）文件。
② *Cfopen：打开一个"command"文件。
③ *Cfwrite：写出 ANSYS 命令到一个"command"文件中。
④ *Create：打开或创建一个宏文件。
⑤ *End：关闭宏文件。
⑥ *Msg：通过 ANSYS 消息子程序报告一条消息。
⑦ /Pmacro：指定将宏文件所包含的内容写进"log"文件中。
⑧ /Psearch：指定搜索"unknown command"（未知命令）宏文件的目录路径。
⑨ /Tee：将一系列命令写进指定的文件，同时执行这些命令。
⑩ *Ulib：标识一个宏库文件。
⑪ *Use：执行一个宏文件。

2) 带参数的宏。通过特殊的字符名，可以创建包含多达 20 个参数的宏：NAME，arg1，arg2，arg3，…，ar10，ar11，ar12，…，ar20

参数如同标准的 ANSYS 命令中的参数，可以为数字、字符（被包括在单引号中）、参数（标量或数组）和参数表达式。

例如：定义宏"totvolume.mac"来计算指定类型的所有单元体积和。

具体输入内容如下：

　　　　esel,s,type,,arg1
　　　　etable,volume,volu
　　　　ssum
　　　　*get,totvol,ssum,,item,volume
　　　　*vwrite,arg1,totvol
　　　　('Total volume for type',f4.0,'elements=',f8.2)

(5) 分支　通过应用"if-then-else"结构，在满足一定条件的情况下，可以运行一个命令或命令块。

在 *if 和 *elseif 命令中，可以运用 and、or 或 xor 比较符。

分支以 *if 开始和 *endif 结束。*elseif 和 *else 在其中也可以使用：

　　　　*if,x,eq,y,then
　　　　,,,
　　　　,,,

*elseif,x,eq,z,then

,,,

*else

,,,

,,,

*endif

条件符可能是：

x, EQ, y! x = y

x, NE, y! x ≠ y

x, LT, y! x < y

x, GT, y! x > y

x, LE, y! x ≤ y

x, GE, y! x ≤ y

x, ABLT, y! |x| < |y|

x, ABGT, y! |x| > |y|

X 和 Y 可以是数字、参数或参数表达式。

操作符为：then，运行随后的命令块；*exit，退出 do 循环；*cycle，跳到 do 循环末端。

这些操作符只有当条件为真时才起作用。否则，ANSYS 将会移至 *elseif、*else 和 *endif。

例如：在宏"totvolume.mac"中增加 if-test 来测试输入变量时的有效性。

*if,arg1,lt,1,then！如果 arg1 小于 1

*msg,warn！发出一个警告

Element type number must be 1 or greater！退出宏

/eof

esel,s,type,,arg1 ！选择所有确定类型的单元

etable,volume,volu！建立单元表

ssum！求解单元数据表总和

(6) **循环** do 循环用于允许执行一个命令块的次数。实际上对 do 循环中包含什么内容没有限制，可以包含任何 ANSYS 命令，包括前处理、求解和处理，只要在条件允许的情况下。

*do，开始循环；*enddo，结束循环。使用 *exit（退出循环）和 *cycle（跳到 do 循环末）控制循环。*exitt 和 *cycle 也可以根据 if-test 的结果来执行。

例如：通过加入 do 循环来扩展宏"totvolume.mac"，计算所有单元类型并将它们各自的体积保存在数组参数中。

! Macro TOTVOLUME.MAC to calculate total element volume.

! Usage： Issue TOTVOLUME in POST1 after a solution.

! Result：

! a) evolume(i) = total volume for element type i

! b) totvol = grand total volume

!
*get,numtypes,etype,,num,count ! Get number of element types
*dim,evolume,array,numtypes ! Open a numtypes×1 array
*do,i,1,numtypes ! For i = 1 - numtypes
  esel,s,type,,i !   Select elements of type i
  etable,volume,volu !   Store volume in element table
  ssum !   Sum element table items
  *get,totvol,ssum,,item,volume !   totvol = sum of 'volume'
  evolume(i)= totvol !   Store totvol in evolume(i)
*enddo ! End of do-loop
*vscfun,totvol,sum,evolume(i) ! totvol = grand total volume
esel,all ! Activate full set of elements

3.2.2 温度场分析

热传递是物理学的一个物理现象，它是由于温差引起的热能传递现象。热传递中用热量表示物体内能的改变。热传递主要存在三种基本形式：热传导、热对流和热辐射。物体内部或物体间有温差存在，热量就必然以以上三种方式的一种或者多种方式从高温处传递到低温处。ANSYS 热分析基于能量守恒中的热平衡方程，能够处理热传导、热对流和热辐射三种传热模式，首先计算节点的温度，然后基于温度场的分析结果再去计算其他物理量。

（1）**热传导** 热传导可以定义成两个接触良好的物体间的能量转换或一个物体内不同部分之间由于温度梯度引起的热量的交换。热传导遵循傅里叶定律：

$$q^* = -K \frac{\partial T}{\partial n} \quad (3-1)$$

式中，q^* 是热流密度（W/m²）；K 是导热系数 [W/(m·℃)]；$\frac{\partial T}{\partial n}$ 是沿着某一方向的温度梯度；负号是热量流向温度梯度降低的方向，如图 3-7 所示。

（2）**热对流** 热对流是指固体表面与它接触的周围流体之间，由于温差的存在引起热量的交换。根据产生的原因不同，热对流分为自然对流和强制对流两种，对流一般作为面边界条件来施加。热对流传热通常用牛顿冷却定律来描述：

$$q^* = h_f(T_S - T_B) \quad (3-2)$$

式中，h_f 为对流换热系数；T_S 为固体表面的温度；T_B 为周围流体的温度，如图 3-8 所示。

（3）**热辐射** 热辐射是指物体发射电磁能，并被其他物体吸收转变为热量的交换过程。物体温度越高，则在单位时间内辐射的热量越多。在工程中通常考虑两个或多个物体之间的辐射，系统中每个物体同时辐射并吸收能量。

ANSYS 可以完成稳态温度场（系统温度场不随时间变化）和瞬态温度场（系统温度场随时间明显变化）的热分析，热分析所涉及的单元类型有 40 余种，主要用于热分析的有 14 种，见表 3-3。

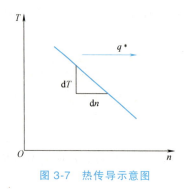

图 3-7 热传导示意图

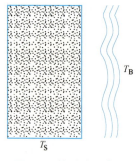

图 3-8 热对流示意图

表 3-3 ANSYS 热分析单元

单元类型	单元代号	单元特征
线性	LINK32	二维 2 节点热传导单元
	LINK33	三维 2 节点热传导单元
	LINK34	2 节点热对流单元
	LINK31	2 节点热辐射单元
二维实体	PLANE55	4 节点四边形单元
	PLANE77	8 节点四边形单元
	PLANE35	6 节点三角形单元
	PLANE75	4 节点轴对称单元
	PLANE78	8 节点轴对称单元
三维实体	SOLID87	10 节点四面体单元
	SOLID70	8 节点六面体单元
	SOLID90	20 节点六面体单元
壳	SHELL57	4 节点单元
点	MASS71	

1. ANSYS 稳态热分析过程

稳态热分析的步骤如下：

(1) 前处理：建立模型　模型建立的过程和 ANSYS 结构分析的操作过程类似，利用 ANSYS 的前处理器建立模型，其中包括指定单元类型与材料属性，生成几何模型和单元网格。

(2) 施加载荷与求解　稳态热分析时，首先要确定分析类型与分析选项，施加载荷并指定载荷步选项，将热载荷施加到几何模型上，在 ANSYS 中可以施加的温度载荷有 5 种：恒定的温度：需要在模型的边界上指定作为自由度约束的固定温度值；热流率：作为节点集中载荷；对流：对流边界条件作为面载荷施加于实体的外表面，计算与流体的热交换；热流密度：一种面载荷；生热率：作为体载荷施加于单元上。

在载荷步选项，可以选择普通选项、非线性选项和输出选项。

(3) 后处理：查看结果进行分析　单击 [Main Menu]→[Solution]→[Analysis Options]，确定分析选项和绝对零度，并选择求解器。ANSYS 将热分析的结果写入 "*.rth" 文件，该文件中包括基本数据（节点温度）和导出数据（节点及单元的热流密度和热梯度、单元热流率、节点的反作用热流率及其他)。在后处理模块,可以通过彩色云图、矢量图和列表进行计算结果的查看。

2. ANSYS 瞬态热分析过程

瞬态热分析能够确定在时间段内变化的温度分布和其他物理量,工程中通常利用瞬态热分析得到的温度场计算热应力。瞬态热分析过程和稳态热分析类似,主要区别在于瞬态热分析中的热载荷是关于时间的函数,用户可以使用函数工具定义一个方程,或者将时间—载荷曲线分成载荷步来进行分析。其分析过程也分为三个步骤:建立模型;施加载荷和求解(在瞬态热分析时,为建立初始条件,需要完成稳态热分析或者在所有节点施加一个均布的初始温度);查看结果并进行分析。

3. 生死单元技术

如果在模型中添加(移除)材料,则相应的模型单元就"存在"或者"消亡"。单元生死选项就是在这种情况下杀死或是重新激活单元。ANSYS 中若要某个单元"死亡",并不是将该单元从模型中移除,而是将其刚度矩阵乘上一个很小的因子 ESTIF(默认值为 1.0×10^{-6})。因此,被"杀死"单元的单元载荷近似为 0,尽管它仍在单元载荷的列表中,但是不对载荷向量生效。同样,死单元的质量、阻尼、比热以及其他类似效果也近似为 0。同样,如果单元"出生",并不是将其添加到模型中,而是重新激活它们。在 ANSYS 中,使用生死单元需要在前处理操作中生成所有单元。在求解器中无法生成新单元。要添加一个单元时,需要先"杀死"它,然后在合适的载荷步中再重新"激活"它。由于增材制造的成型过程随着时间的推移,材料是逐步累加的,且多为非线性瞬态,因此通常采用"生死单元技术"模拟材料的堆积过程。

3.2.3 应力场分析

1. 应力场分析遵循的基本理论

(1) 应力场有限元模拟基本假设

1) 材料从熔融态转化为固态的过程中会发生弹性和塑性变形,假设该变形过程与温度变化不可分。

2) 材料在塑性变形过程中遵循塑性理论。

3) 在塑性变形区内的行为遵循强化准则和塑性流动准则。

(2) 塑性理论 塑性理论包含屈服准则、流动准则和硬化准则。屈服准则是判断何时出现屈服现象,它是弹性与塑性计算分析的首要条件。流动准则是判断材料出现屈服现象后塑性变形增量的方向,即各分量的比值。硬化准则是决定给定的应力增量引起的塑性应变增量的大小。

1) 屈服准则。在一定的变形条件下,只有当各应力分量之间符合一定的关系时,质点才开始进入塑性状态,这种关系称为屈服准则。屈服准则是求解金属塑性成型问题的补充方程。

当受力物体内质点处于单向应力状态时,只有当单向应力达到了材料的屈服强度时,该质点才开始由弹性状态进入到塑性状态,即处于屈服。当受力物体内质点处于多向应力状态时,需要同时考虑所有的应力分量。在一定的变形条件下,当各应力分量之间符合一定关系时,质点才开始进入塑性状态,这种关系称为塑性条件。它是描述受力物体中不同的应力状态下质点进入到塑性状态并且使其继续塑性变形所需要遵循的力学条件。

Von Mises 屈服准则是德国力学家冯·米塞斯在 1913 年提出的一个屈服准则，它是在一定的变形条件下，当受力物体内一点的等效应力达到某一定值时，该点就开始进入到塑性状态。其表达式为

$$\sigma_s^2 = \frac{1}{2}\left[(\sigma_1-\sigma_2)^2+(\sigma_2-\sigma_3)^2+(\sigma_3-\sigma_1)^2\right] \tag{3-3}$$

式中，σ_1、σ_2、σ_3 为三个主应力，σ_s 为材料的屈服极限。

2）流动准则。流动准则是材料出现屈服现象后判断塑性变形增量的方向，即塑性变形增量各分量之间按什么比例变化的关系。

3）硬化准则。在塑性变形过程中，随着应变的增加，应力会急剧增加，即发生加工硬化现象，而硬化准则使用函数式来描述这一变化过程中应力与应变的关系。

2. 热—应力耦合分析

耦合场分析是在分析的过程中考虑了两种以上的工程物理场之间相互作用的分析。增材制造成型过程涉及的耦合分析为热—应力耦合分析，首先计算成型件温度场的分布情况，之后研究在温度分布的基础上热应力的情况。耦合场分析的过程取决于所要解决的问题是哪些场的耦合作用。耦合场的分析最终归结为直接耦合方法和间接耦合方法。

1）直接耦合方法是包含所有自由度的耦合单元类型，只需要一次求解即可得出耦合场分析结果，适用于多个物理场各自响应且相互依赖的情况。由于要满足多个准则才能够取得平衡状态，因而直接耦合分析一般是非线性的。每个节点上的自由度越多，矩阵方程就越大，耗费时间则越多。在这种情况下，耦合是靠计算包含所有必须项的单元矩阵或单元载荷向量来实现的。

2）间接耦合方法是按照顺序进行两次及更多次的相关场分析。它是将第一次场分析的结果作为第二次场分析的载荷来完成两种场的耦合。在耦合场之间的相互作用是低度非线性的情况下，两个分析之间越相互独立，该方法会越灵活和方便。间接耦合还可以在不同物理场之间交替执行，直到收敛到一定的精度为止。

间接热—应力耦合分析是将热分析得到的节点温度作为体载荷施加到后续的应力分析中来实现耦合。在热—应力耦合分析中，可以先进行非线性瞬态热分析，然后再进行线性静态应力分析。

3. 转换分析类型及边界条件

以熔融沉积成型应力—应变场进行分析为例，需要将 SOLID70（三维八节点六面体热分析单元）转换为结构单元 SOLID185（三维八节点六面体热分析单元）。该单元具有塑性、超弹性、应力刚化和大变形等功能。

3.2.4 流场分析

计算流体动力学（CFD）就是研究流体运动和受力的关系。CFD 一般是基于连续介质理论，要通过数值方法求解一系列的控制方程组，分别为质量守恒方程、动量守恒方程、能量守恒方程、组分守恒方程和体积力。

CFD 求解器是基于有限体积法的，将计算域离散化为一系列控制体，在这些控制体上求解质量、动量、能量、组分等的通用守恒方程：

$$\frac{\partial}{\partial t}\int_V \rho\phi dV + \oint_A \rho\phi V dA = \oint_A \Gamma_\phi \nabla\phi dA + \int_V S_\phi dV$$

偏微分方程组离散化为代数方程组,用数值方法求解代数方程组以获取流场解。CFD 模拟过程如下:

1. 问题定义

问题定义包含确定模拟的目的和计算域。

2. 前处理和求解过程

(1) 创建代表计算域的几何实体　得到流体域几何模型的方法有以下两种:

1) 使用现有的 CAD 模型,从固体域中抽取出流体域。

2) 直接创建流体域几何模型。

对于几何模型的简化方法有:

1) 去除可能引起复杂网格的不必要特征（倒角、焊点等）。

2) 使用对称或周期性,并考虑流场和边界条件是否都是对称或周期性的;是否需要切分模型以获得边界条件或创建域。

(2) 设计并划分网格

1) 估计计算域的各个部分都需要何种程度的网格密度。

① 网格必须能捕捉所需的几何特征与适应变量的梯度,如速度梯度、压力梯度、温度梯度等。

② 估计出大梯度的位置。

③ 使用自适应网格来捕捉大梯度。

2) 估计何种类型的网格是最合适的。

① 考虑几何的复杂度。

② 使用四边形/六面体网格或者三角形/四面体网格（图 3-9）是否足够合适。

③ 是否需要使用非一致边界条件。

3) 是否有足够的计算机资源。

① 估算大概需要多少个单元或节点。

② 估算大概需要使用多少个物理模型。

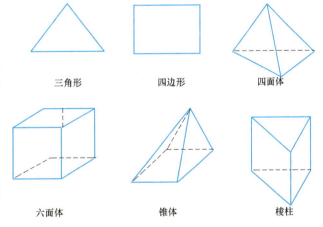

图 3-9　网格类型

对沿着结构方向的流动,使用四边形与六面体网格,相比于三角形与四面体网格能用更少的单元或节点获得更高精度的结果。当网格和流动方向一致,四边形与六面体网格能减少数值扩散。在创建网格阶段,四边形与六面体网格需要花费更多人力。

对于复杂几何模型,四边形与六面体网格没有数值优势,可以使用三角形与四面体网格或混合网格来节省划分网格的工作量,以快速生成网格,流动一般不沿着网格方向。接着设置物理问题（如物理模型、材料属性、域属性、边界条件）,定义求解器（数值格式、收敛控制），求解并监控。

3. 后处理过程

1）查看计算结果。

2）修改模型。

3.3 ANSYS Additive Print 仿真分析

  ANSYS Additive Print 增材工艺仿真强调工艺仿真的易用性和工艺参数的完备性，从控制形状的角度为金属增材制造设备使用者和设计者提供了易学易用、快捷、强大的增材制造工艺过程仿真能力。采用固有应变算法，通过标定将实际的打印设备、材料及打印环境与仿真相结合，提高仿真精度，帮助设计者进行最优成型方向的确定、支撑优化和宏观缺陷预测，以保证在较少的工艺试错次数下实现高质量的增材制造成型。

  通过输入材料、几何模型、支撑结构、扫描路径、工艺参数等步骤进行工艺仿真，模拟激光粉末床熔融过程的复杂物理现象，可以预测变形及应力分布，预测高应变区域及刮板碰撞干涉，并且获得变形补偿模型以及含优化支撑的模型，为残余应力计算、变形分析和打印失败的预测提供了切实可行的解决方案，使得用户可以获得精确符合设计规范的部件并避免构建失败，无须进行试错试验。

  利用固有应变理论进行工艺仿真时，结合金属增材制造的具体过程可以分为假定应变模式、扫描应变模式和热应变模式这三种计算模式，用户可以根据计算精度、计算时间等因素选择不同的模式进行计算。

  (1) 假定应变模式 假定在打印过程中部件的各个位置都发生一个平均、各向同性应变，这是最简便、快速的计算类型。

  (2) 扫描应变模式 在假定应变模式的基础上，考虑各向异性应变，考虑不同的扫描策略对增材制造的影响，即可设定扫描或者导入扫描路径文件进而提高计算精度。相比于假定均匀应变，扫描应变模式会增加计算时间。

  (3) 热应变模式 在扫描应变模式的基础上，考虑打印过程中的工艺参数如激光功率、扫描速度等产生的热棘轮效应对固有应变的影响，热应变模式可以得到最高精度的计算结果，但同时计算时间最长。

  通过增材工艺过程的仿真，可以实现以下功能：

1）预测变形及残余应力，输出变形模型。

2）可逐层查看变形、应力分布。

3）预测高应变区，可识别部件和支撑结构中的高应变区。

4）预防刮板碰撞以及打印失败。

5）根据应力输出优化支撑结构。

6）支持反变形设计，可输出自动变形补偿 ".stl" 文件。

  Additive Print 增材工艺仿真的流程为准备和导入零件、仿真设置、运行仿真、查看仿真结果、执行扫描方式仿真和执行热应变仿真。

1. 准备和导入零件

  (1) 零件几何模型 零件可以由 CAD 软件（Inventor、Creo、SolidWorks 等）建立模型，

也可以在 ANSYS SpaceClaim 中建立，但是在导入到 Additive Print 之前，需要注意以下几个问题：

1）零件几何模型输出为 ".stl" 格式。
2）只允许对一个零件进行模拟，该零件中可以包含多个结构部分。
3）零件的几何模型中不要包含支撑部分，对于支撑部分可以通过其他方式导入。
4）零件的建模单位须为 mm。
5）目前版本中，要求零件体积小于 $1m^3$，每个方向的最大尺寸为 1m，该尺寸包含支撑部分。
6）".stl" 文件必须设置好打印方向。

要将零件导入零件库，需单击 Additive Print 软件窗口左侧的［Part］按钮，然后单击［Import Part］按钮。

（2）支撑文件　零件模型导入后，可以将与该零件关联的支撑文件导入，单击［Import Support］按钮打开导入支撑文件窗口。对于导入的支撑文件，具体的规定如下：

1）支撑文件必须为 ".stl" 文件。
2）支撑结构尺寸单位为 mm。
3）支撑结构必须与零件在同一三维空间中定向（与 X-Y 平面中的零件对齐）。
4）每个支撑文件中的几何形状类型必须相同，即文件中所有为面片型支撑或实体型支撑。
5）对于任何给定部件，可以导入的支撑文件的数量没有限制。

（3）构建文件　在增材打印应用程序中，将构建文件定义为 ".zip" 文件，至少包含一个用于零件几何形状的 ".stl" 文件和一个用于定义扫描矢量的特定于增材制造设备的打印文件。在目前的版本中，支持的增材制造设备制造商包括 Additive Industries、Renishaw 和 SLM Solutions。

对于不同的增材制造设备，其构建文件存在差异，构建文件总的要求如下：

1）构建文件为 ".zip" 格式文件。
2）一个构建文件中只能包含一个零件。
3）底板不应该包含在零件几何形状文件中。
4）一个或多个支撑结构可以以独立的 ".stl" 文件出现。

对于具体的某一增材制造设备的打印文件，要求如下：

1）增材工艺仿真中假设只有一个激光头。
2）增材工艺仿真中只能使用一套工艺参数。
3）扫描顺序总是从内向外。

若导入构建文件，单击软件窗口左侧的［Build Files］按钮，然后单击［Import Build File］即可。

2. 仿真设置——假定应变模拟

将零件添加到零件库（或将构建文件添加到构建文件库）后，就可以开始设置仿真了。使用仿真表格来指定仿真所需的标准，包括零件及其材料、应力行为、支撑选项以及所需的仿真输出选项。

从进行假定应变模拟设置开始。这是最简单、快速的仿真类型。其他模拟类型的设置步骤也与其类似，具体步骤如下：

(1) 设置仿真细节　仿真［细节］（Details）窗口如图3-10所示，其中包含［仿真标题］（Simulation Title）、［标签］（Tags）、［描述］（Description）、［应力模式］（Stress Mode）和［核心数量］（Number of Cores）。［仿真标题］（必填）、［标签］和［描述］文本框中允许以某种合乎逻辑的方式模拟识别。这些字段可在程序中允许搜索文本框的任何位置进行搜索，［标签］至少应包含三个字符。为了充分进行高性能计算，Additive Desktop应用程序允许指定多核处理器，最多可以使用12个内核，预设值为［4］。

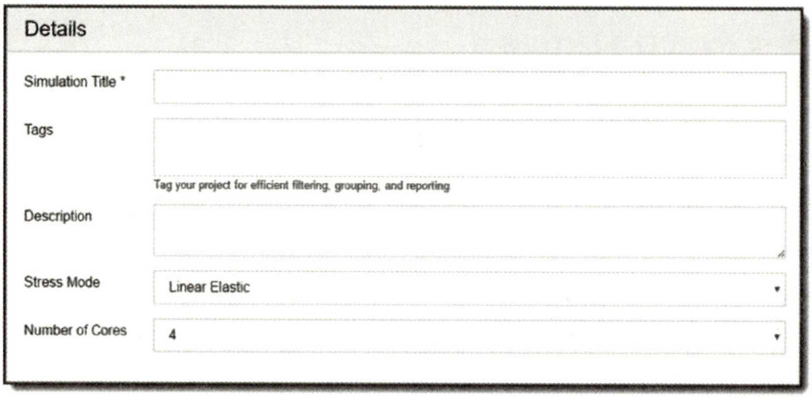

图3-10　仿真细节

(2) 选择几何形状　通过将零件添加到模拟表单中，可以选择要模拟的零件。无论添加零件还是构建文件，都必须先将其分别导入到零件库或构建文件库中，如图3-11所示。将零件添加到模拟表单后，将看到该零件的预览信息、X、Y、Z坐标中零件的整体尺寸（以mm为单位）的摘要、建议最小体素大小以及内存使用的估计值。需要指定要用于模拟的体素大小和体素采样率。体素是在有限元方法中使用的六面体（立方）元素，体素大小的确定需要注意它和运行时间具有直接的关系。

(3) 定义支撑选项　在激光粉末床熔融成型期间，当激光穿过金属粉末的每一层时，会形成类似于焊接过程的熔池。熔池区域冷却并在下一次激光通过时再次加热。对于每个连续的层，下面的材料冷却并收缩。这种加热和冷却，膨胀和收缩的过程会导致零件中的应变、变形和残余应力，从而有效地将零件提离基板。因此，需要支撑结构在制造期间将打印部件保持在适当位置。

支撑结构通常是与零件一起打印的薄壁，该结构固定在基板上，并在伸出零件主体的几何区域内连接到零件。支撑结构使用与零件相同的金属材料打印，并且必须在构建完成后切割或机械加工去掉。支撑件过多或支撑壁太厚，后期将需要大量的构建时间才能卸下。支撑件太少或支撑壁太薄，可能不足以将零件固定到位，并可能导致裂缝、过度变形、壁之间下垂或破裂。

在增材制造工艺仿真中，定义假定应变的条件并不应用于支撑结构，而是仅应用于实体零件材料。因此，随着材料的逐层添加被模拟，直到形成固体零件，应力不会在支撑件中累积，这时零件材料将导致支撑件中产生一些应力。

支撑屈服强度比是在模拟假设中用来为支撑材料分配强度（与固体材料相比）的一个

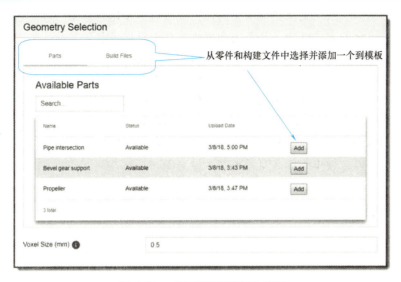

图 3-11　［几何形状选择］窗口

因素。它被用作因子以修改支撑材料的强度，影响载体材料的屈服强度和弹性模量。例如：支撑屈服强度比的值为［1.0］会导致支撑强度等于固体材料，而值为［0.5］时则是固体材料强度的一半。

Additive 应用程序提供以下选项来处理模拟假设中的支撑结构：

① 自动创建支撑（默认）结构。

② 使用单个用户导入的".stl"支撑文件。

③ 使用多个用户导入的".stl"支撑文件合并到支撑结构中。

④ 使用构建文件中包含的支撑结构。

⑤ 不带支撑结构的模拟。

选择［模拟支撑］（Simulate With Supports）复选框和［支撑类型］（Support Type）下拉列表中的选项，如图 3-12 所示。根据选择的零件，系统有适当的选项可供选择。因此，如果没有与所选零件关联的支撑组，则支撑组选项将显示为灰色。

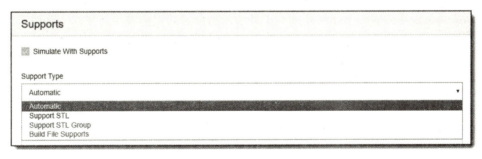

图 3-12　选择支撑类型

默认情况下，Additive 应用程序会自动创建支撑结构，重要的是要了解如何实现这些自动支撑。该应用程序仅基于几何因素考虑（即用户指定的悬垂角度），使用一组初始支撑结构来模拟构建过程，然后根据模拟结果生成两组新的优化支撑结构。最初的支撑物称为均匀无体积支撑物，是均匀分布在由最小悬垂角定义的悬垂区域下方的薄单道宽度支撑壁。在力学求解器中进行模拟,预测支撑必须承受的最大残余应力;然后基于一种算法将在生成支撑模块中自动生成优化的支撑结构,该算法会更改支撑密度以承载这些最大残余应力。生成的两组优化支撑结构分别为优化的无体积支撑结构和实体支撑结构。

1)优化的无体积支撑结构具有均匀的壁厚(单焊缝宽度),但是壁间距是可变的,使得更多壁放置在残余应力较高的区域中,而更少壁放置在残余应力较低的区域中。

2)优化的实体支撑结构是均匀间隔的壁,其厚度各不相同,以便将较厚的壁放置在残余应力较高的区域中,将较薄的壁放置在残余应力较低的区域中。

在模拟表单中需要确定哪些参数来指导支撑生成的过程,如图 3-13 所示。

图 3-13　设定支撑参数

①[最小悬垂角](Minimum Overhang Angle)。悬垂角是从粉末床表面(水平 0°)到零件表面所夹角度。零件表面上任何角度小于最小悬垂角度的点都将受到支撑。默认的[最小悬垂角]为 45°。避免使用与零件的几何角度相同的值,由于有限的舍入误差,可能导致不对称的支撑结构。例如:如果几何图形包含恰好为 45°的悬垂特征,则将 46°或 44°用作[最小悬垂角]。

即使悬臂由于零件的一部分而无法到达底板,也会为悬垂区域创建悬臂。在这种情况下,支撑将跨零件到零件表面。称这些零件为支撑零件。

②[最小支撑高度](Minimum Support Height)。这是将零件从底板上抬起的高度,以 mm 为单位。如果将其值设置为 3 mm,则使零件的最低点至少比底板升高 3mm。该值应设置为易于将支撑从基板上切除。同时,还要考虑必须创建多少个体素才能增加该额外的高度(更多的体素层=更多的模拟时间)建议将此值设置为与每次模拟的实际值同样低的值,默认值为 0。

③[安全支撑系数](Support Factor Of Safety)。安全支撑系数是驱动自动生成的优化支

撑结构强度的参数。如果希望支撑承受两倍的预期载荷,则在此文本框中输入［2］,自动生成的支撑结构的预测强度将是预测应力的两倍。支撑结构的强度取决于所产生的支撑壁的数量和厚度。默认的安全支持系数为［1］。

④［支撑屈服强度比］（Support Yield Strength Ratio）。初始自动支撑（基于几何因素考虑）的默认值为［0.4375］。该默认值是通过测试确定的。在该测试中,测试了 EOS M270 3D 打印机上构建的默认支撑结构的支撑强度,并将其与同一 3D 打印机上构建的固体材料进行了比较。

(4) 选择材料　材料可以选择标准的 ANSYS 预定义材料,也可以定制自己所需的材料,如图 3-14 所示。从［材料］（Material）下拉列表中选择一种材料后,该材料的弹性模量（以 GPa 为单位）、泊松比和屈服强度（以 MPa 为单位）的属性会自动填充表单上的文本框。这些值适用于室温下的材料。要查看与给定材料关联的其他属性或自定义材料,需要打开材料库。

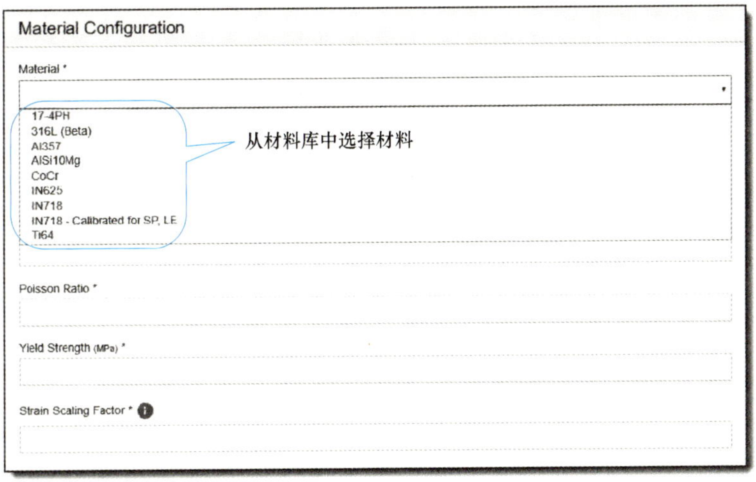

图 3-14　选择材料

选择材料后,可以在线性弹性或弹性-塑性应力（同时显示弹性和塑性特性）的应力计算中选择材料行为。弹塑性计算基于 J2（Von Mises）可塑性模型。应力模式选项与材料的延展性有关,材料的延展性是对材料在断裂前经历明显塑性变形能力的一种度量。

在增材制造的应用中,假设的线性弹性行为会导致超出材料屈服强度的给定应变,产生更高的应力值。对于应变较大的零件,这种过度预测可能并不现实。但是,仿真运行速度会更快,如果只关心板上变形,则这种假设可能是有益的。使用线性弹性选项通常得到正确的板上变形值,因此,线性弹性应力模式可用于零件位于基板上分析变形趋势。

弹塑性行为的假设（使用 J2 可塑性模型）最适用于易延展材料,如大多数金属。在这些模型中使用了小变形可塑性,其中弹性应变和塑性应变加起来等于总应变,因为金属没有表现出在聚合物中可以看到的大变形。当应变值超过弹性应变时,Von Mises 应力可用于降低应力水平。

使用 J2 可塑性选项会使仿真运行更长的时间。但是,如果想要精确的变形结果或应力和应变的准确指示,则需要使用此选项。

(5) 选择输出选项　通过简单的［输出］（Output）复选框,可为用户提供 ANSYS Ad-

ditive 强大的导出功能。在[输出]下的模拟表单中有多个选项可供选择，具体取决于模拟的目标。这些选项会影响模拟的运行时间，但会提供其他输出文件，当模拟完成时，这些文件将在[Completed Simulation]下提供出来。在某些情况下，需要其他输入。

还需要在开始模拟之前定期保存模拟表单。虽然它没有保存到计算机上的特定文件中，但是在软件内部保存，并且会在[Draft Simulations]下看到它。启动模拟时（即不再是草图），将从[Draft Simulations]中将其删除。运行模拟时，将存储所有输入选项，以便随时可以在仪表板的[Running Simulations]和[Completed Simulation]区域中选择模拟时看到已选的选项。

要将[输入]选项保存到文件中，需单击[Export]按钮。（必须先执行保存操作，然后才能导出。）导出的文件具有".aasp"扩展名，可以单击[Draft Simulations]下的[Import]按钮导入。导出的文件不包括零件。

(6) **运行仿真**　通过单击仿真表单底部的[开始]（Start）按钮来启动仿真，即以方便的摘要格式查看运行状态，如图 3-15 所示。

图 3-15　查看运行状态

(7) **查看仿真结果**　查找成功状态指示以确定模拟是否完成。如图 3-16 所示，在[Overview]和[Logs]部分中，将看到开始和结束时间戳记以及其他有用的信息。仿真结果位于[Output Files]部分。模拟结果可在 ANSYS Viewer 中查看，或可导出文件（".avz"文件为 ANSYS Viewer 文件）。

ANSYS Viewer 是嵌入在 ANSYS Additive 中的交互式 3D 图像查看器。它可以轻松地在 3D 模型中可视化仿真结果。要调出 ANSYS Viewer，需要在[Output Files]中单击[View]按钮即可，如图 3-16 所示。

可以在视图管理器中单击不同的结果选项以查看显示的结果，如图 3-17 所示。使用鼠标可以在图像预览中移动零件，按左键进行旋转；按滚轮进行缩放，按右键进行平移。

第3章 增材制造技术仿真分析方法

图 3-16 查看仿真结果

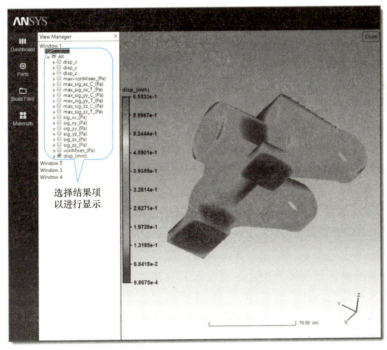

图 3-17 应用 ANSYS Viewer 查看仿真结果

(8) 扫描模式模拟 扫描模式模拟使用各向异性应变计算来改进假定的应变方法，使在扫描方向比在垂直方向产生更大的应变，如图 3-18 所示。通过加载构建文件可基于填充扫描矢量或特定扫描矢量的主方向，为每个粉末层快速计算各向异性应变。然后，收集这些单独层的应变值，并将其平均为体素大小。最后，将预测的应变用于快速力学分析。

(9) 热应变模拟 热应变模拟通过预测热循环如何影响零件中每个位置的应变累积值，提供更高的准确性。它使用固有应变，但也实现了热棘轮算法来局部修改固有应变值。

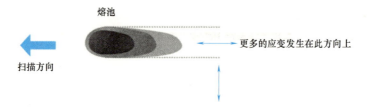

图 3-18 扫描模式模拟应变分布

除了设置假定应变中所介绍的标准输入选项外，还需要进行以下操作：
① 考虑使用网格分辨率因子、比例因子来控制速度与仿真精度。
② 选择 ANSYS 预定义的、经过热验证的材料。
③ 定义增材制造设备的其他配置参数。

3.4 ANSYS Workbench Additive 仿真分析

ANSYS Workbench Additive 为面向设计人员的打印评估模块，强调与设计流程的集成，从控制形状的角度帮助设计人员对设计的打印可行性进行评估。借助仿真技术模拟增材制造过程的材料堆积成型过程，深入了解其特有的热学和力学行为并进行详细预测，预测增材制造过程中产生的应力、变形以及缺陷，评估其设计是否可以打印，避免重新设计，从而帮助完成高质高效的增材制造工艺设计。具体功能如下：

1) 对增材制造所选用的材料需要考虑非线性以及与温度相关的材料属性，如与温度相关的密度、导热系数、比热容、弹性模量、泊松比、热膨胀系数以及塑性模型等热力学参数。

2) 提供多种网格剖分技术，笛卡儿网格和分层四面体网格，从而可以匹配不同复杂性的几何结构，且可以层层激活以便适应增材制造过程。

3) 在进行增材制造工艺仿真时，需考虑以下因素对热交换以及变形损耗的影响，从而使仿真更加贴近实际增材制造过程。
① 增材制造的工艺参数，如基板预热温度、层厚、扫描速度、扫描间距等。
② 外界环境因素，如气体、粉末的温度及其换热系数。
③ 不同的基板约束条件、非打印件、粉末等因素。

4) 采用热结构耦合算法，可与拓扑优化与后拓扑设计形成无缝流程，对设计进行增材制造工艺仿真；首先进行增材制造过程的温度场仿真，在计算的过程中考虑非线性及与温度相关的材料属性，模拟逐层材料堆积过程的温度场；再基于温度场分布进行结构仿真，模拟堆积过程的变形及应力分布，预测打印过程中的刮板碰撞，从而解决设计是否可打印、如何进行变形补偿、确定最佳打印方向及最佳支撑设计等问题。

5)考虑对增材制造之后的零件进行热处理和去除基板（支撑）等工艺仿真，预测热处理、去除基板（支撑）前后的变形、应力分布，从而来判断热处理、去除基板（支撑）对变形以及应力的影响，为设计相应的热处理工艺制度提供指导。

操作步骤如下：

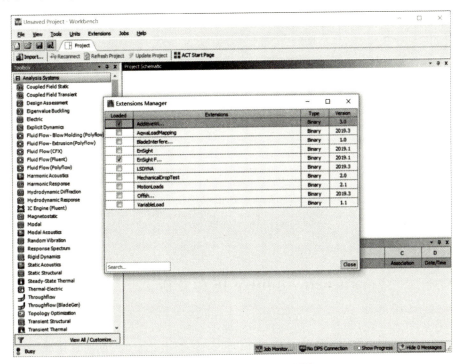

图 3-19 启动 Workbench Additive

① 单击［Extensions］菜单栏，选择［Extensions Manager］，勾选第一项，如图 3-19 所示。随后关闭对话框，即添加了［Additive Manufacturing System］模块，单击该模块即可直接进入增材制造模拟，如图 3-20 所示。

② 在［Geometry］中选择需要进行增材制造的模型，可以在 ANSYS 中建模，也可以利用其他软件建立模型。随后在［Model］选项卡进行编辑。单击［Open Wizard］便可进行增材制造边界条件的设定，如图 3-21 所示。

③ 进入设定界面，选择需要制造的部分和支撑结构，或自动生成支撑结构，如图 3-22 所示。

④ 根据要求对模型进行有限元网格划分，如图 3-23 所示。随后单击［下一步］（Next）设置下一项。

⑤ 选择打印材料和底板材料，并进行相关的设置，如图 3-24 所示。

⑥ 根据要求设置层厚、扫描速度、加工温度等打印参数以及热处理等工艺参数，如图 3-25 所示。

⑦ 然后设定打印过程中的相关温度、热对流系数与散热面，如图 3-26 所示，设定完成后即可进行模拟求解。

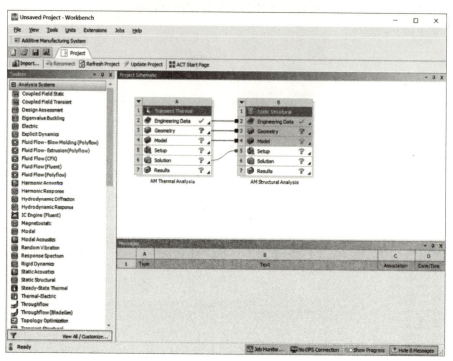

图 3-20　模拟流程

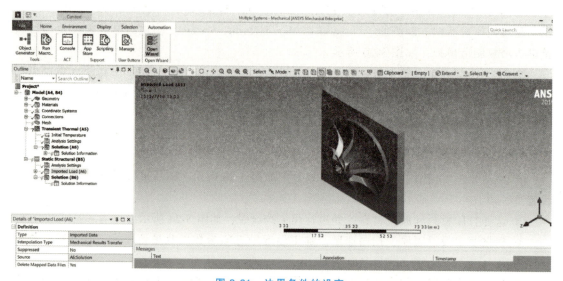

图 3-21　边界条件的设定

第3章 增材制造技术仿真分析方法

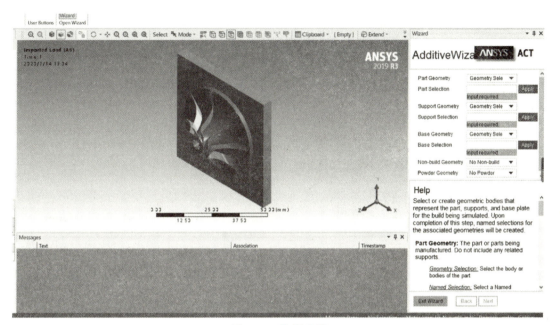

图 3-22 选择支撑

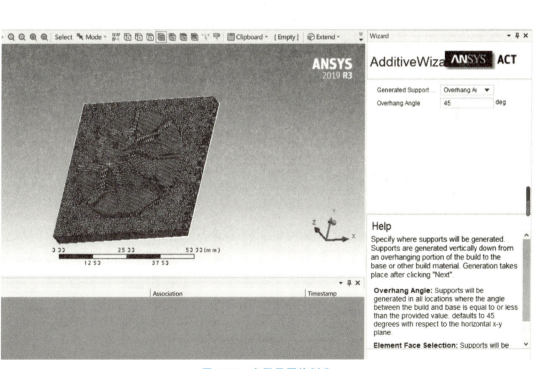

图 3-23 有限元网格划分

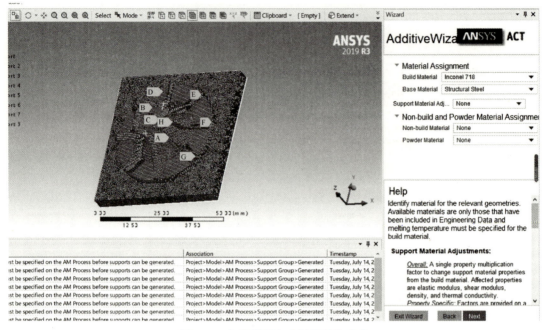

图 3-24　打印材料和底板材料的设定

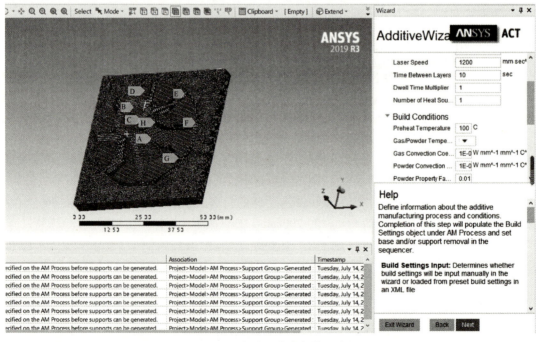

图 3-25　打印工艺参数的设定

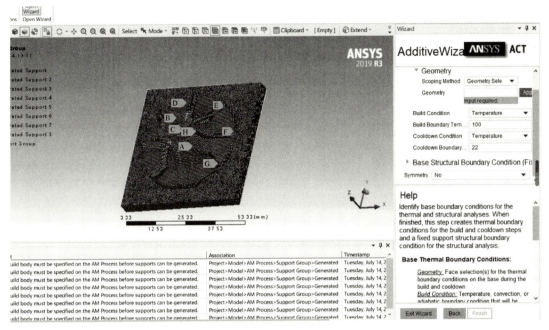

图 3-26　温度、热对流系数与散热面设定

3.5　ANSYS Additive Science 仿真分析

单道参数模拟是用于获取有关所选材料的熔池特性信息的工具。它的设置遵循在粉末床熔融（PBF）成型设备上测试单道的行业惯例，在这种惯例中，激光器在一条扫描线上扫描粉末。其目的是确定熔池的几何形状，即熔池的宽度、长度和深度。进行模拟是查看工艺参数如何影响熔池特性的好方法，而无须耗费大量昂贵的材料和打印时间。

（1）设置模拟参数　在模拟表单中输入过程参数的值，如图 3-27 所示。输入基板温度（单位：℃）、层厚（单位：μm）和激光束直径（单位：μm）作为常数值，输入激光功率（单位：W）和扫描速度（单位：mm/s）作为参数变量。可以通过步进增量工具和手动方式输入变量值（每次使用步进增量工具时，它都会覆盖已经输入的值）。在本示例中，输入的激光功率从 50W 开始，到 400W 结束，每次的增量为 50W。单击复选标记后，可分别输入 50、100、150、200、250、300、350 和 400（单位：W）。

以 100mm/s 为增量输入 700~1300mm/s 之间的扫描速度，这将在模拟中产生 56 个单独的排列。即系统将以 50W 的激光功率和 700mm/s 的扫描速度模拟单道扫描，然后以同样的激光功率和 800mm/s 的扫描速度进行另一次扫描，依此类推，直到执行完所有组合为止。这是一个完整的阶乘试验，每个激光功率与每个扫描速度都匹配，最多能有 300 种组合。

单道模拟输入的层厚数值应表示要添加到每层中的材料量。要将单道试验与单道模拟进行比较，必须确保［层厚］（Layer Thickness）输入的正确。

（2）几何形状配置　在模拟表单的［Geometry Configuration］部分中，可以输入"Bead Length"（单道长度，以 mm 为单位）。有效的输入值是 1~10 之间的实数。对于所有经过验证的 ANSYS 定义的材料，熔池稳定（即达到稳态）的单道长度在 2mm 之内。很少会需要超

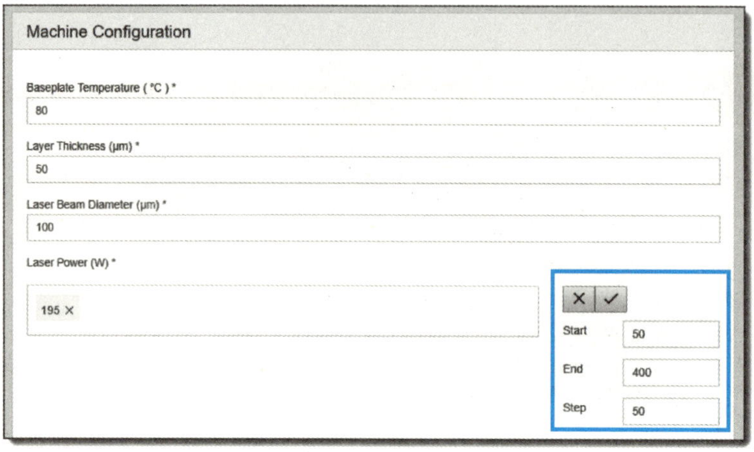

图 3-27 工艺参数设置

过 3mm（默认）的单道长度。

（3）查看结果　在 ANSYS Additive 应用程序中，沿单道长度跟踪瞬时熔池，然后在整个单道长度上进行平均每个尺寸的值；提供针对单个排列的输出文件，这些文件显示了沿单道长度的完整进程，并且提供了每个排列中熔池长度的平均值和中值、参考深度和参考宽度的摘要文件。如图 3-28 所示，参考深度是整个熔池深度减去层厚，或是从第一层底部开始的熔池深度。类似地，参考宽度是在第一层底部（基板的起点）的宽度。

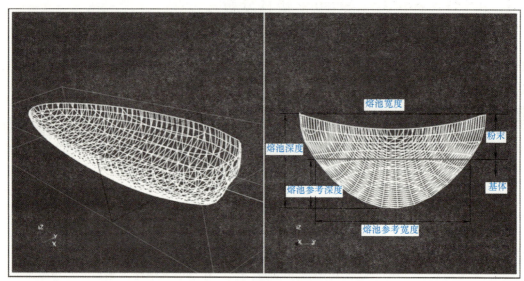

图 3-28 熔池尺寸参数

在解释时熔池尺寸参数数据应使用任何特定维度的中值结果，而不是平均值结果。当熔池尚未稳定时，平均值将在开始时偏斜。

单个模拟的结果（即功率和速度的一种组合）会输出一个名为"L0_ Meltpool.csv"（用于第 0 层）的文件，可以在 Excel 中打开。通过激光功率和扫描速度的组合，可以绘制熔池尺寸沿单道距离的曲线图，以观察熔池何时达到稳态，如图 3-29 所示。在此示例中，收敛精度达到 0.3~0.5mm。

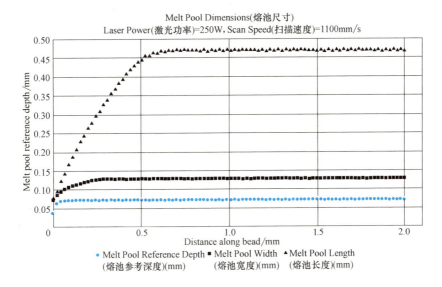

图 3-29 熔池尺寸与单道距离间的关系

[Single Bead Summary] 文件总结了所有 56 个工艺参数组合的熔池特征，如图 3-30 所示。具体分析结果如下：

① 8 个良好的候选功率/速度组合显示为绿色星号。

② 黄色数据点代表的激光功率和扫描速度组合超出了熔池参考深度可接受的标准，表明熔池不够深。黄点位于具有高扫描速度和低激光功率（即低能量密度）的区域，这可能会导致图层之间缺乏熔合孔隙率。

③ 蓝色数据点表示激光功率和扫描速度组合超出了对深度与宽度之比的可接受标准，表明熔池太深。蓝点位于扫描速度低且激光功率高（即高能量密度）的区域中，这很可能会导致形成钥匙孔。

④ 橙色数据点表示超出了可接受的长宽比标准的激光功率和扫描速度组合，表明熔池可能太长。这是具有最高速度和最高功率的区域，该区域可能会产生飞溅和串珠效果。

根据模拟表单中宽度和长度的中值数据，图 3-30 中的几个采样点显示了熔池大小，以及显示熔池的相对大小。但这些不是真实的比例，下面将在孔隙率模拟中进一步验证良好的候选组合。

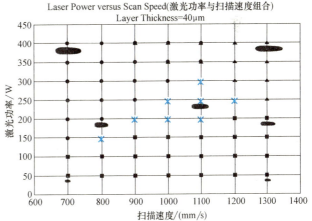

图 3-30 仿真结果汇总分析

(4) 孔隙率模拟　孔隙率模拟用于获得用于增材制造材料中孔隙率水平的信息。该模拟的设置遵循行业惯例，即在激光粉末床熔化成型机器上构建完整的 3D 立方体（或长方体），使用所选择的材料和扫描图案进行多层打印。

在本例中；基于假设的试验数据对熔池标准进行一些假定，这些标准会产生良好的激光功率和扫描速度的组合。但是，在没有试验数据的情况下，这将成为具有许多变量的广泛探索。ANSYS Additive 解决了仅缺少熔合的孔隙问题，对其他两种孔隙率特征（钥匙孔和球化）的准确模拟需要进行完整的流体分析，并将考虑熔池内其他物理场的影响。尽管如此，此软件仍可以在指导选择工艺参数时采取更明智的方法，并特别提供有关熔合不足的孔隙率的基本信息。

与单道参数模拟一样，孔隙率参数模拟最多可以进行 300 种参数组合。但是，每多一个组合就需要更长的时间才能完成模拟，因为涉及更多层的模拟过程。通常的方法是选择最佳的候选工艺参数，该参数是根据单道参数模拟确定的，并引入一个新变量如开口间距。在本示例中，确定了 8 种激光功率和扫描速度的目标组合以进一步研究。如果引入 5 个图案填充间距值，则将有 40 个孔隙度排列方案。

(5) 参数配置　参数配置如图 3-31 所示。

(6) 几何形状配置　输入长方体的宽度、长度和高度（以 mm 为单位）。有效的输入值为 1~10 之间的实数。对于所有经过验证的 ANSYS 定义的材料，孔隙率模式将在 3mm×3mm×3mm 的立方体（默认值）内达到稳态，很少需要比默认值大的多维数据集。

(7) 查看结果　缺乏熔合的孔隙在孔隙参数模拟结果中被标识为固体比率小于 1 的值。理想固体的固体比率为 1，任何非固体的东西都是空隙或粉末。增材制造的目标是能优化工艺参数，一种准则是选择最快的扫描速度和最宽的间距，同时保持在目标加工区域内，以免出现孔隙。根据可接受的孔隙率水平，可以选择减少到几个可行的候选对象。

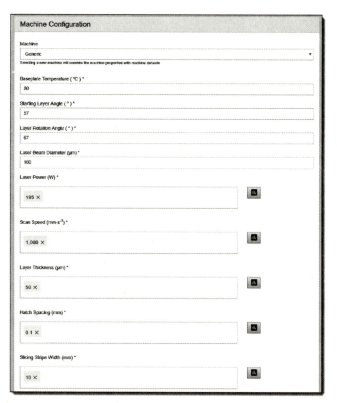

图 3-31　参数设置

表 3-4 显示了 40 种组合中的 25 个孔隙结果，基于孔隙率小于 0.5%（绿色阴影）的标准确定了最佳候选组，代表性的是最快构建速度为激光功率 300W、扫描速度 1100mm/s 和间距 0.13mm 的组合。

第3章 增材制造技术仿真分析方法

表 3-4 孔隙率仿真结果

Geometry Height /mm	Geometry Length /mm	Geometry Width /mm	Starting Layer Angle (°)	Layer Rotation Angle (°)	Laser Power /W	Scan Speed /(mm/s)	Layer Thickness /mm	Hatch Spacing /mm	Slicing Stripe Width /mm	Void Ratio	Powder Ratio	Solid Ratio
3	3	3	57	67	150	800	0.04	0.05	10	0	0	1
3	3	3	57	67	150	800	0.04	0.07	10	0	0	1
3	3	3	57	67	150	800	0.04	0.09	10	0	0.0008	0.9992
3	3	3	57	67	150	800	0.04	0.11	10	0	0.0242	0.9758
3	3	3	57	67	150	800	0.04	0.13	10	0	0.0976	0.9024
3	3	3	57	67	200	900	0.04	0.05	10	0	0	1
3	3	3	57	67	200	900	0.04	0.07	10	0	0	1
3	3	3	57	67	200	900	0.04	0.09	10	0	0	1
3	3	3	57	67	200	900	0.04	0.11	10	0	0.0017	0.9983
3	3	3	57	67	200	900	0.04	0.13	10	0	0.0284	0.9716
3	3	3	57	67	200	1000	0.04	0.05	10	0	0	1
3	3	3	57	67	200	1000	0.04	0.09	10	0	0.0001	0.9999
3	3	3	57	67	200	1000	0.04	0.11	10	0	0.0063	0.9937
3	3	3	57	67	200	1000	0.04	0.13	10	0	0.0485	0.9515
3	3	3	57	67	200	1100	0.04	0.05	10	0	0	1
3	3	3	57	67	200	1100	0.04	0.07	10	0	0	1
3	3	3	57	67	200	1100	0.04	0.09	10	0	0.0003	0.9997
3	3	3	57	67	200	1100	0.04	0.11	10	0	0.0127	0.9873
3	3	3	57	67	200	1100	0.04	0.13	10	0	0.068	0.932
3	3	3	57	67	300	1100	0.04	0.05	10	0	0	1
3	3	3	57	67	300	1100	0.04	0.07	10	0	0	1
3	3	3	57	67	300	1100	0.04	0.09	10	0	0	1
3	3	3	57	67	300	1100	0.04	0.11	10	0	0	1
3	3	3	57	67	300	1100	0.04	0.13	10	0	0.0014	0.9986

(8) 微观结构仿真 对于用 A357 铝合金、AlSi10Mg 或 Inconel 718 合金进行的模拟，给定熔池特性、热输入、所有工艺参数以及输出到 3 个二维平面（XY，XZ 和 YZ）的材料的晶粒取向，以模拟 EBSD（电子背散射衍射）的典型试验室测试结果。分别使用圆当量法和所有 3 个平面的取向图以图形形式输出晶粒尺寸分布和取向角分布。微结构模拟是参数化的，因此可以运行多个参数组合以确定哪些工艺参数对晶粒尺寸的影响最大。对于给定的一组工艺条件，可以使用特定的随机种子输入参数来激发相同的成核模式，以便进行比较模拟。

3.6 增材制造工艺过程多尺度仿真

增材制造工艺过程多尺度仿真分析包括微观熔池动力学和凝固过程分析。其中，对于熔池动力学仿真分析，目前可以采用离散元（DEM）模拟粉末床的结果，也可以采用格子玻尔兹曼方法（LBM）、有限差分法（FDM）和流体体积法（VOF）求解增材制造过程中粉末的传热、传质和追踪流体的自由液面；对于凝固过程分析可以采用元胞自动机分析方法。

目前，基于激光增材制造技术实现高熔点、难加工金属的增材制造是重点发展方向。激光增材制造技术主要涉及高能激光与金属粉体作用机理、复杂构件逐层堆积工艺调控机制、构件的微观、宏观跨尺度组织与结构优化以及性能调控机理。对于增材制造技术而言，目前在控形、控性技术的研究中还有众多的科学问题需要探究。由于增材制造涉及多学科，成型过程涉及多物理场，从而使得这一问题变得非常复杂。目前，国内外尚未对该问题有成熟的解决方案，因此需要在控形、控性及工艺调控策略方面进行更深层面的研究。

目前，在内部缺陷形成机理的研究中，大多停留在实验研究和宏观数值仿真研究的层面，主要的原因是受限于现有的仿真技术和对增材制造成型过程本质的认知不足，但是实验研究会受到实验设备的影响，由于目前的增材制造一致性问题尚未得到解决，因此需要做大批量的实验，才有可能获得有价值的结论。而对于该问题的宏观数值仿真，忽略了粉末自身的属性以及堆积和流动的过程，无法真实反映其成型过程。一些研究开始考虑微观和介观尺度，但少有考虑金属粉末特性对内部缺陷形成机理的影响，而金属粉末的形状、大小、粒径分布、含氧量和振实特性对孔隙率有着非常重要的影响，也同时会影响其熔化过程。因此，为准确建立内部缺陷与成型参数间的映射关系，必须改变现有的研究方法和手段，从材料、结构、工艺、性能一体化的层面探讨成型过程的本质，从多尺度的角度出发，在考虑粉末特性的影响下，同时考虑堆积及振实过程，多尺度全面研究粉末在激光选区熔化过程中内部缺陷的形成机理。

对于多尺度的研究来说，采用离散元方法、格子玻尔兹曼方法和元胞自动机方法相结合，探讨金属粉末激光熔化与凝固的介观尺度热力学行为及球化机制、激光熔化熔体表面张力与气泡运动的微观尺度物理机制以及宏观尺度的应力变形；从金属粉末与高能激光的交互耦合机理出发多尺度探究内部缺陷的形成机理，对 SLM 的成型过程（铺粉过程、熔化过程和凝固过程）进行仿真，分析成型构件的力学性能、致密度和孔隙率、显微组织特征，预测内部缺陷的形成，构建材料属性、工艺参数和后处理参数与金属增材制件内部缺陷之间的映射关系；突破现有的技术壁垒，对成型的多物理场机制进行全面的探究，从而推动控形、控性系统的研制与开发。

从材料、结构、工艺、性能一体化的角度探索增材制造质量的提升策略，是目前增材制造的热点研究方向，因此需要进行多尺度的仿真研究。

3.6.1 粉末床模拟

数值模拟颗粒堆积的方法主要有四种，分别为蒙特卡罗法（MC）、离散单元法（DEM）、分子动力学方法（MD）、几何算法。其中，几何算法多为研究者自己构建模型并开发新算法，其模拟方法千差万别，在增材制造中仅考虑球体颗粒，主要涉及各项参数对其致密度的影响，因此该方法针对性较弱，故不予讨论。其余三种都是较通用的颗粒运动模拟方法。

MC 方法是一种广泛应用于分子模拟和物理化学领域的数值模拟方法，在液体状态的研究方面得到了成功应用。MC 方法研究颗粒堆积的基本思路为：首先以随机抽样的方式产生颗粒的速度分布函数，再通过对速度分布函数进行积分，从而计算得到颗粒流的应力张量和碰撞能量损耗等。MC 方法的优点在于不需要假设颗粒的速度分布函数，可以不受为了求解速度分布函数而采用简单圆球和圆盘假设的限制，能够用来计算一些较为复杂的颗粒，如多边形颗粒等。后来这种方法推广到颗粒流研究，用来计算简单剪切流的应力，并且已经成功地计算了多角形颗粒流问题。近年来，开始用 MC 方法研究颗粒的随机堆积问题，用 MC 方法对单一尺寸的玻璃球在振动情况下的堆积进行了模拟，得到了堆积率为 0.604 的颗粒堆积,虽然计算结果与实验结果具有可比性,但颗粒的产生和运动过程都使用了随机数,动态信息不足。

MD方法是一种基于牛顿力学确定论的热力学计算方法,随后在理论和应用上得到不断完善,并且在颗粒堆积的研究领域内开始广泛应用。MD方法的基本原理是:将颗粒简化为存在相互作用力的质点,质点之间的作用满足经典力学方程,由此可以求得每个颗粒在空间内的运动轨迹和规律,最后再通过统计学原理,获得整个颗粒系统的宏观物性特征。颗粒之间的相互作用力是通过颗粒间的势函数来体现的。MD方法是用颗粒的运动方程来研究整个颗粒系统的性质,因而得到的结果既有堆积颗粒的动态特性,又有静态特性。因此,MD方法在颗粒、晶体、物理化学等研究领域都有广泛的应用。例如:应用于晶体生长、无定形结构、离子移植、缺陷运动、表面与界面等问题的模拟研究;还用于处理各种固相、液相和气相的物质,以及模拟各种多颗粒多分子体系。

DEM方法是一种适用于解决非连续介质力学问题的数值计算方法,已在结构工程、岩土工程、散体力学以及爆炸力学等领域得到成功应用,成为研究非连续相物质运动规律的重要方法。随后DEM方法作为研究颗粒间相互作用及颗粒堆积问题的有效工具,最初的DEM方法只用于硬球模型,后开发了适用于软球模型的DEM计算程序,硬球模型与软球模型的主要区别在于,颗粒在接触碰撞过程中是否发生弹性变形,即在计算过程中接触颗粒之间是否有重叠量生成。硬球模型适用于低浓度颗粒流。当浓度高时,由于碰撞频率太大,计算起来比较困难。尤其对于涉及某些滞流区和颗粒保持接触一段时间的情况,不能满足二体碰撞假设条件,按硬球模型计算的颗粒碰撞频率为无穷大,不能进行计算。这时就必须使用其他颗粒碰撞模型,如软球模型等。

DEM的基本原理是将颗粒作为一个独立的单元体,各个单元体的受力、运动、加速度等信息,通过动态松弛迭代的方法进行迭代计算,从而得到每个时间步长内单元体的受力及运动情况,同时更新单元体的位置信息。其模型的基本思路是把质点间的相互作用力模拟成弹性力、阻尼力,用如弹性、阻尼及摩擦滑移等机理模型来计算。当两个颗粒产生接触时,其法向即两球心连线方向的相互作用可简化为弹簧阻尼器,切线方向的相互作用可简化为弹簧阻尼器和滑动摩擦器,当两颗粒之间的切向摩擦力大于最大静摩擦力时,滑动摩擦器起作用。

1. DEM常用的仿真软件

DEM方法最早应用于岩石力学问题的分析,后逐渐应用于散状物料和粉体工程领域。由于散状物料通常表现出复杂的运动行为和力学行为,这些行为难以直接使用现有基本理论,尤其是基于连续介质理论的方法来解释,而进行实验研究成本高、周期长,因此DEM仿真技术的应用范围越来越广。

目前开发的DEM商用程序有二维UDEC和三维3DEC块体离散元程序,主要用于模拟节理岩石或离散块体岩石在准静态或动载条件下力学过程及采矿过程的工程问题。

PFC2D和PFC3D分别是基于二维圆盘单元和三维圆球单元的离散元程序,主要用于模拟大量颗粒元的非线性相互作用下的总体流动和材料的混合,含破损累计导致的破裂、动态破坏和地震响应等问题。

EDEM是用现代化离散元模型设计的用来模拟和分析颗粒的处理和生产操作的通用CAE软件。使用EDEM可以快速、简便地为颗粒固体系统建立一个参数化模型,可以导入真实颗粒的 CAD 模型来准确描述它们的形状，现在大量应用于欧美国家中的采矿、煤炭、石油、化工、钢铁和医药等诸多领域。

国内的离散元大型商用软件 GDEM 基于中科院力学所非连续介质力学与工程灾害联合实验室开发的 CDEM 算法，将有限元与块体离散元进行有机结合，并利用 GPU 加速技术，可以高效地计算从连续到非连续的整个过程。还有 StreamDEM 是国内完全拥有自主知识产权的离散元软件，代表了离散元软件的最高发展水平，让国人和世界站在了同一起跑线上。

Rocky 是安世亚太公司功能强大的 DEM 软件包。它是一个共享内存的并行软件，能够快速解决颗粒动力学问题，可以用于模拟和分析颗粒物料的力学行为及其对物料处理设备的影响，目前已经被广泛地应用于采矿设备、工程农业机械和化工、钢铁、食品及医药等领域。在商业 DEM 软件中，Rocky 的独特之处在于以下几点：

① 考虑了真正的非球形颗粒形状。
② 具有在不损失质量和体积的情况下模拟破碎的能力。
③ 能考虑磨损的边界表面形状变化的影响。
④ 能与 ANSYS 软件集成。
⑤ 能进行 360°全景视角转换。

2. DEM 仿真方法

以 DEM 分析软件 PFC3D 为例，介绍等径球体颗粒和正态分布球体颗粒的随机堆积建模方法，仿真流程如图 3-32 所示。

对粒径为 0.3mm 的颗粒体进行模拟，并且分别设定不同的刚度系数，其他相关影响因素和变量的设置如下：

1）采用圆柱形边界容器，容器直径与球径比≥20，以尽可能消除边界尺寸影响。

2）设置测量容器内部颗粒致密度的测量球与容器壁面保持一定距离，尽可能消除四周壁面对容器内部颗粒松装密度的影响。

3）采用整体加料的方式，并将球体间的连接模型、球体和墙体间的连接模型设置为线弹性模型。

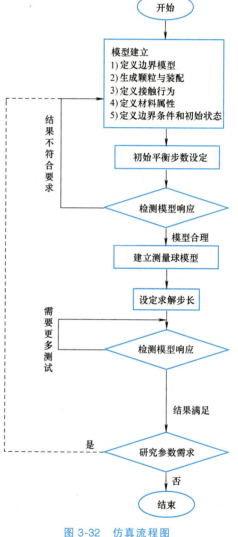

图 3-32　仿真流程图

4）球体与球体、球体与墙体间的法向刚度和切向刚度取值相等。

5）球体间的摩擦系数为 0.015，阻尼比为 0.2，球体密度设为 7800kg/m^3。

6）在装料漏斗出口处设置一个半径小于料筒内径的测量球，在料筒内上下各设置一个同样的测量球，进行数值仿真。

7）设置随机种子数足够大，保证每次验证实验的颗粒分布情况一致，本文随机种子数为10001。

图3-32概括了整个数值模拟与仿真阶段的所有操作,并且对模型响应和研究参数都有实时的监控和反馈,以保证所得数据的合理性。

3. 仿真流程

(1) 建模与仿真　使用离散元仿真分析软件对数值模拟和仿真的过程进行模拟和分析,根据上述参数设定模型属性,并按照仿真流程图设计仿真流程。图3-33所示为仿真过程的可视化界面。

颗粒生成的数量为13792,粒径大小设为等直径3mm的球,所有模型参数均定义完全,并且所有模型均位于求解域内。料筒直径为100mm,测量球的直径为80mm并与料筒底面间隔10mm,以抵消边界影响距离。

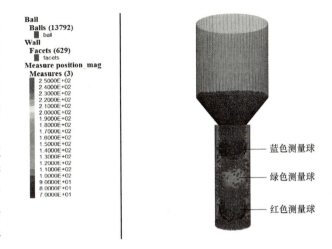

图3-33　填料及孔隙率测量球设置

(2) 孔隙率测量数据　图3-34所示为各测量球的孔隙率变化曲线。测量球的颜色代表以容器顶面圆心为零点时,各测量球球心的Y坐标值。黄色孔隙率变化曲线P7代表红色测量球的仿真数据;蓝色孔隙率变化曲线P8代表绿色测量球的仿真数据;绿色孔隙率变化曲线P9代表蓝色测量球的仿真数据。

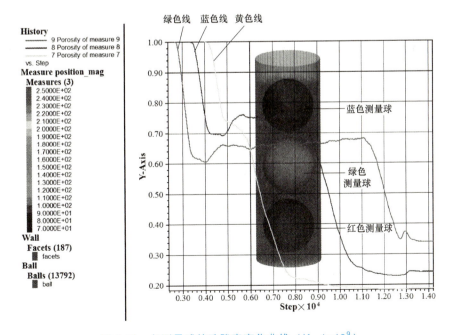

图3-34　各测量球的孔隙率变化曲线（$K=1\times10^9$）

孔隙率测量曲线在数据采集上存在一定的时间差，原因是在球形颗粒下落的过程中，依次经过蓝色、绿色、红色测量球，而红色测量球最先填充完毕。各曲线初始阶段孔隙率变化很快，因为球体刚进入测量球便可以实现较大空间范围的填充；随着时间的推移，各个测量球所测的孔隙率会存在一段平稳波折的阶段，这是因为在球体下落过程中会优先填充料筒底层，而其他高度的颗粒运动情况与颗粒分布情况基本保持不变，并且测量球从上至下的平稳波折时间依次缩短，蓝色测量球被最后填充，与实际相符。P7、P8、P9孔隙率曲线从初态至稳态的间隔时间逐渐变长，同样说明了颗粒堆积过程的填充次序为自下而上。同时，其所得的孔隙率稳定值逐渐变大，表明 $K=1\times10^9$ 时，颗粒堆积的孔隙率与堆积深度有关。究其原因在于颗粒材料本身的刚度属性，因为刚度较小的球形颗粒在接触点存在较大的重叠量，对减小孔隙率有很大的作用，而料筒底层颗粒除了彼此之间的接触力外，还承受来自上层颗粒的重力作用，在球形颗粒的接触点处的重叠量较上层颗粒更大，颗粒间的空隙相应被压缩，因此，产生下层颗粒体孔隙率低于上层颗粒体的现象。结果表明，对于等径球形颗粒而言，颗粒刚度系数对堆积密度有直接影响。

为研究刚度对堆积密度的影响，设定颗粒粒径为 3mm 的等径球形颗粒体，采用控制变量法，在保证其他参数不变的前提下，改变所生成颗粒体的刚度值 K，并依照前述仿真流程进行仿真模拟，得到相应的孔隙率，具体数值变化见表 3-5。

表 3-5 不同刚度值下各个测量球所测孔隙率大小

刚度值 K	P7	P8	P9
5×10^8	0.175	0.245	0.34
1×10^9	0.255	0.285	0.335
5×10^9	0.348	0.35	0.365
1×10^{10}	0.351	0.355	0.365
5×10^{10}	0.364	0.365	0.372
8×10^{10}	0.367	0.367	0.371
9×10^{10}	0.368	0.37	0.371
1×10^{11}	0.37	0.37	0.37
1.1×10^{11}	0.37	0.37	0.37

3.6.2 格子玻尔兹曼法

格子玻尔兹曼法（LBM）和有限差分法（FDM）、有限体积法（FVM）以及有限元方法（FEM）都是从流体的宏观角度出发，针对流体的运动纳维-斯托克斯 N-S 方程的求解衍生出来的，最终目的都是直接求解方程。有限差分法的原理简单，可以用于简单问题；但对于复杂变量问题的计算会很复杂且误差大。有限体积法与有限差分法相比，在默认情况下积分是守恒的，能通过细化网格以适应复杂几何机构的不规则网格；但不规则网格本身很复杂，尤其是三维及不规则网格不容易计算，因此精度难以提高。有限元方法对非结构网格具有良好的数学处理能力，并能通过高阶基函数提高精度；但积分不是守恒的，且较前两种方法而言更加复杂。

还有一类是粒子法求解，从微观及介观的角度出发，通过粒子代表流体中的原子、分子、分子团或宏观流体的一部分。分子动力学（MD）使用 Verlet 算法，通过粒子过去和现在的位移算将来的位移。虽然粒子法可以用来计算一些复杂的过程，但是由于一般流体中的微观粒子数过多,计算量太大。晶格模式(LGM)将流体的运动用碰撞与流动两条准则来描述。晶格只有两种状态,利于描述碰撞,因此没有其他CFD方法中浮点运算所固有的舍入误差,可以进行大量的并行运算;但是这种模式在速度增大时会逐渐失控,因此在用FHP模式求解N-S方程时只适用于低马赫数流动,同时晶格模式还因为统计噪声而饱受争议。耗散分子动力学(DPD)与LBM相似,是相对较新的介观流体计算方法,通过质量为m的粒子代替分子团,粒子自身的自由度被整合,粒子间的受力由一对保守力、耗散力与随机力表示,并以此保证动量守恒与正确的流体动力学行为,适用于具有有限克努森数的中尺度复杂流体的流体动力学及多相流;但它包含的参数过多需要筛选。

传统方法是纯数值求解方法,旨在求解流体力学方程,这几种方法都是将流体变量(如速度和压力)表示为域中各个点(节点)的值,通过逼近域来求解偏微分方程;不同之处在于节点值的解释不同。其中FDM用正方形网格上的节点值近似整个域;FVM用节点值表示节点周围小体积内的流体变量平均值;FEM通过节点插值逼近整个域。这些方法在原理上都相对简单,但由于流体力学的复杂性让求解依然比较困难。虽然对传统方法的研究较多,但多数求解依然局限在二阶精度。粒子法不直接求解流体力学方程,而是通过粒子表示原子、分子、分子团或宏观流体的一部分,从而在一定程度上反映出流体的宏观规律,但是粒子法有的不能直接反映宏观流体运动规律,同时存在准确度难以量化以及噪声问题等。

LBM方法避免了采用传统方法求解流体力学方程的复杂度高及精度低的问题,通过介观的方法避免了粒子法存在的噪声问题,具有很强的物理基础:玻尔兹曼方程可以很好地将微观粒子的动力学与宏观流体规律相结合,同时具有较好的精度,因此是不可压缩N-S方程二阶精准求解方法。

1. LBM方法的优缺点

1)LBM方法的优点是简单高效;能适应复杂几何外形及软物质;能良好适应多相流及多组分问题;低噪声;可以适应热效应。

2)LBM的缺点是需要较大的内存;对于静止流体计算效率不高;不适用于强压缩性及不适合在逼真黏度下直接模拟声音的远距离传播。

LBM的基本理论来源于格子气自动机,它是介于微观分子动力学方法和连续介质假设的宏观方法之间的一种介观方法。该方法与传统的流体模拟方法不同,它基于分子动理论,通过跟踪粒子分布函数的输运而后对分布函数进行统计计算,以获得宏观平均特性,它保留了分子运动学的许多优点,如物理条件清晰、边界条件易于实现等。LBM的基本思想是对系统中的微观粒子给出一个简化的动力模型,然后通过统计平均,得到宏观物理量(如密度、速度)的流体动力学方程。

BGK方程是格子玻尔兹曼方程的一种特殊的离散形式,这种离散包括速度离散、时间离散和空间离散。模型如下:

$$\frac{\partial f(x,t,v)}{\partial t}+v\Delta f(x,t,v)=-\frac{1}{\eta}[f(x,t,v)-f^{eq}(x,t,v)] \quad (3\text{-}4)$$

式中,$f(x,t,v)$是粒子分布函数,表示t时刻速度为$(v,v+dv)$的粒子出现在位置$(x,x+dx)$处的粒子密度;$f^{eq}(x,t,v)$是平衡分布函数;η是弛豫时间。采用二维正方形D2Q9格子模型,如图3-35所示,式(3-4)可以离散成:

$$f_i(x,e_i\Delta t,t+\Delta t)-f_i(x,t)$$
$$=-\frac{\Delta t}{\eta}[f_i(x,t)-f_i^{eq}(x,t)]$$
$$=-\frac{1}{\tau}[f_i(x,t)-f_i^{eq}(x,t)] \qquad (3-5)$$

式中，$\tau=\eta/\Delta t$ 是松弛因子；e_i 是离散速度，具体定义如下：

$$e_i\begin{cases}(0,0)c & i=0\\ \left[\cos\dfrac{(i-1)\pi}{2},\sin\dfrac{(i-1)\pi}{2}\right]c & i=1,2,3,4\\ \sqrt{2}\left[\cos\dfrac{(2i-1)\pi}{4},\sin\dfrac{(2i-1)\pi}{4}\right]c & i=5,6,7,8\end{cases}$$

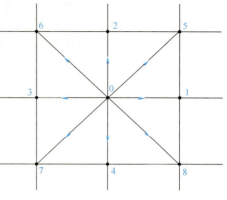

图 3-35 D2Q9 格子划分模型

式中，$c=\Delta x/\Delta t$ 表示格子速度的模；Δx 和 Δt 分别是网格步长和时间步长。根据质量守恒和动量守恒定律，粒子分部函数必须满足有如下关系：

$$\rho=\sum_i f_i^{eq} \qquad (3-6)$$

$$\rho u=\sum_i f_i^{eq} e_i \qquad (3-7)$$

选取局部平衡分布函数为 Maxwell 分布的泰勒级数展开形式：

$$f_i^{eq}=\rho\left[A_i+B_i\frac{e_i u}{c^2}+C_i\frac{(e_i u)^2}{c^4}+D_i uu\right] \qquad (3-8)$$

式中，A_i、B_i、C_i 和 D_i 均是待定系数；ρ 是流体宏观密度；u 是流体局部平衡速度，且必须有 $|u|/c\ll 1$。对式（3-5）运用泰勒级数展开，再利用 Chapman-Enskog 展开分析和多尺度技术能得到如下方程：

$$\partial_t(\rho u_\alpha)+\partial_\beta(\rho u_\alpha u_\beta)=-\partial_\alpha\left(\frac{c^2}{3}\rho\right)+\frac{c^2}{3}\Delta\left(\tau-\frac{1}{2}\right)\partial_\beta\rho(\partial_\alpha u_\beta+\partial_\beta u_\alpha) \qquad (3-9)$$

由此得到各点上粒子的局部平衡分布函数为：

$$f_i^{eq}=\rho w_i\left[1+\frac{3}{c^2}(e_i u)+\frac{9}{2c^4}(e_i u)^2-\frac{3}{2c^2}uu\right] \qquad (3-10)$$

将上式与宏观描述流体流动的二维 N-S 方程进行类比可以得到如下关系：

$$w_i=\begin{cases}4/9 & i=0\\ 1/9 & i=1,2,3,4\\ 1/36 & i=5,6,7,8\end{cases}$$

$$\nu=\frac{2\tau-1}{6}\frac{(\Delta x)^2}{\Delta t} \qquad (3-11)$$

$$\partial_\alpha p=\frac{c^2}{3}\partial_\alpha\rho \qquad (3-12)$$

式中，ν 是流体的运动黏度，为了得到合理的数值解，必须有 $\tau>0.5$。

格子玻尔兹曼模型是通过粒子的密度分布函数来得到流体力学宏观物理量的，在低流速条件下压力梯度是通过密度梯度体现的，可以计算压差。

2. LBM 的简单编程

基于 BGK 算子的 LBM 编程流程图如图 3-36 所示。

3.6.3 元胞自动机

在金属材料激光快速成型过程中，金属粉末熔化后快速凝固，了解其凝固过程的影响因素以及掌控凝固过程中组织的演变过程至关重要。凝固过程中的宏观场的模拟方法主要有连续性方法、格子玻尔兹曼方法、Simpler 方法等。目前对于凝固微观组织模拟主要有确定

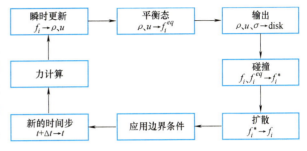

图 3-36　基于 BGK 算子的 LBM 编程流程图

性方法、蒙特卡罗法、相场法（PF）和元胞自动机（CA）。CA 模型与 PF 模型相比，其仿真精度低于 PF 模型，但 CA 模型计算速度快，模拟尺度较大。而 PF 模型虽然计算量大，却只能模拟有限的凝固区域，无法满足金属增材制造熔池宽度的要求。

凝固这一常见的相变过程从宏观角度解释是物质由液态转变为固态，而从微观角度解释是原子从无序到有序状态的转变过程。凝固过程的微观模拟包括形核过程和生长过程，对于形核过程在实际的凝固过程中，不可避免地会有飞溅杂质的进入，因此属于非均质形核过程，如图 3-37 所示。CA 计算流程如图 3-38 所示。

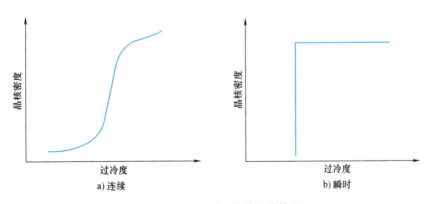

图 3-37　非均质形核的两种情况

连续形核思想将元胞的状态分为液态、固液界面和固态三种，分别用状态参数 0、1、2 表示。当元胞形核后其状态参数由 0 变为 1，即由液态元胞变成生长状态元胞。

2007 年，研究学者提出了一种描述合金枝晶生长的模型，他们认为生长的驱动力来自于实际溶质浓度和平衡结晶浓度的差值。因此，可以根据界面平衡浓度和实际浓度的差值，判断枝晶液相是否凝固。当液相元胞被捕获后就开始计算生长，如果 n 步计算时间步长之后，当生长元胞的固相率加和为 1 时，其状态转变成固态元胞，在其完成生长的同时捕获其周围的液态元胞。当一个界面元胞转变成固态时，该元胞就捕获其邻居液态元胞，被捕获邻居元胞进入生长状态，向固态转变，依次循环直到整个凝固过程完成。在计算的过程中，还需要考虑界面曲率与枝晶生长过程的各向异性计算。

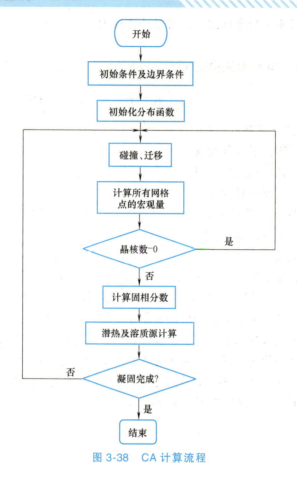

图 3-38 CA 计算流程

3.7 增材制造工艺参数优化

无论是金属材料还是非金属材料的增材制造，工艺参数对成型件的性能均有着非常重要的影响。以 SLM 工艺为例，激光功率、激光扫描速度、层厚、激光波长和光斑补偿量等工艺参数影响着成型件的力学性能和内部缺陷，因此需要探索工艺参数与成型件性能之间的优化关系。

在工艺参数的优化方面，一般采用正交试验或者控制变量方法，通过对微观组织的分析对成型件的性能进行预测。近年来，随着计算方法的不断发展，智能优化算法受到人们的广泛关注，同时在增材制造工艺参数优化的过程中，往往涉及多目标优化问题。因此，在本节中首先介绍智能优化算法及其在 MATLAB 中的实现，然后介绍多目标优化算法及其实现方法。

3.7.1 智能优化算法

优化是指在众多的方案中选择最优方案，以使得某个或多个功能达到最优，或使系统的某些性能指标达到最大值或最小值。传统的优化算法，如牛顿法、惩罚函数法等，需要遍历整个搜索区间，搜索速度较慢。受到生物群体社会性和自然现象规律的启发，20 世纪 80 年代以来，人们提出了众多的智能优化算法来解决复杂的优化问题。这些智能优化算法包括进化类算法（遗传算法、差分进化算法、免疫算法）、群智能算法（蚁群算法、粒子群算法）、模拟退火算法、禁忌搜索算法和神经网络算法。在本节中，主要介绍应用最为广泛的遗传算法和神经网络算法。

1. 遗传算法

遗传算法最早是由美国密歇根州立大学的 John Holland 教授于 1975 年所提出的。他将自然界"优胜劣汰，适者生存"的生物进化理论引入到优化参数形成的编码串联群体中，按照所选择的适应度函数并通过遗传中的选择、交叉和变异对个体进行选择，使适应好的个体被保留，差的则被淘汰，从而使得新的群体不仅继承了上一代信息并且优化上一代，这样反复直到满足条件。

遗传算法是一种通过生物自然选择和遗传机理的随机搜索算法，与传统的算法不同，遗传算法会从一组随机产生的"种群"中开始搜索。遗传算法也可用于神经网络的分析，神经网络具有分布存储的特点，一般很难从拓扑结构中直接理解其功能。遗传算法可以用于对神经网络进行功能、性质、状态等的分析。其算法流程如图 3-39 所示。

遗传算法构成要素主要包括种群初始化、适应度函数、选择操作、交叉操作和变异操作。

（1）种群初始化　个体编码方法为实数编码，每个个体均为一个实数串，由输入层和隐含层连接权值、隐含层阈值、隐含层与输出层连接权值以及输出层阈值四部分组成。个体则包含了神经网络全

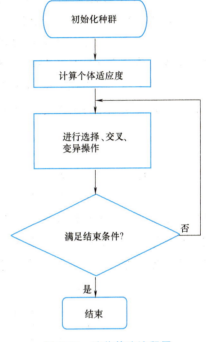

图 3-39　遗传算法流程图

部权值和阈值。在网络结构已知的情况下，就可以构成一个结构、权值、阈值确定的神经网络。

（2）适应度函数　通过将个体所得到的 BP 神经网络的初始权值和阈值，用训练数据训练 BP 神经网络后对系统输出进行预测，把所预测的输出和期望的输出之间用误差绝对值，个体适应度值 F 计算公式为：

$$F = k(\sum_{i=1}^{n} abs(y_i - o_i)) \tag{3-13}$$

式中，n 为网络输出节点数；y_i 为 BP 神经网络第 i 个节点的期望输出；o_i 是第 i 个节点的预测输出；k 为系数。

（3）选择操作　在生物遗传和进化的过程中，对生活环境适应能力较强的物种将会有更多的机会遗传给下一代，反之则机会较少。遗传算法用选择因子对个体进行优胜劣汰。选择操作就是在旧群体中以一定的概率把个体选择到新的群体中，个体被选中的概率和适应度值有关，个体适应度越好则被选中概率越大。选择操作有多种方法，如轮盘赌法、锦标赛法等，本文选择轮盘赌法来计算每个个体被选中的概率，每个个体被选中的概率为 p_n，计算公式为：

$$p_n = \frac{k}{\sum_{j=1}^{N} f_j} \quad (3\text{-}14)$$

$$f_n = k/F_n \quad (3\text{-}15)$$

式中，F_n 为个体 n 的适应度值，由于适应度值越小则越好，因而在个体选择前对适应度值求倒数；k 为系数；N 为种群个体数目。

(4) **交叉操作** 交叉操作是指从群体中选择两个个体，将两个个体交换组合，从而产生新的优秀个体。交叉的过程是从群体中任选两个个体，随机选择一点或者是多点进行交换。由于个体采用实数编码，因而交叉操作方法采用的是实数交叉法，及将第 i 个个体 a_i 和第 j 个个体 a_j 在 k 位进行交叉操作方法。

$$a_{ik} = a_{ik}(1-b) + a_{jk}b \quad (3\text{-}16)$$

$$a_{jk} = a_{jk}(1-b) + a_{ik}b \quad (3\text{-}17)$$

式中，b 是 [0，1] 之间的随机数。

(5) **变异操作** 在自然界生物进行遗传和进化的过程中，由于某些偶然因素可能会导致生物的某些基因发生某种变异，产生新的个体，表现出新的生物状态。在遗传算法中可以利用变异操作来产生新的个体。变异操作是从群体中任选一个体，选择个体中的某一点进行变异以产生更优秀的个体。变异操作是选取第 m 个个体的第 n 个基因 a_{mn} 进行变异，具体操作如下：

$$a_{mn} = \begin{cases} a_{mn} + (a_{mn} - a_{max})r_2(1 - g/G_{max})^2 & r > 0.5 \\ a_{mn} + (a_{min} - a_{mn})r_2(1 - g/G_{max})^2 & r \leq 0.5 \end{cases}$$

式中，a_{max} 是基因 a_{mn} 上界；a_{min} 是基因 a_{mn} 下界；r_2 是一个随机数；g 是当前迭代次数；G_{max} 是最大进化次数；r 是 [0，1] 间的随机数。

对于遗传算法的求解，可以利用 MATLAB 遗传算法工具箱中的主要函数，见表3-6。具体调用格式可以参阅相关文件。

表 3-6 遗传算法工具箱中的主要函数

类 别	函 数	功 能
实用函数	bs2rv	二进制串到实值的转换
	rep	矩阵的复制
创建群体	crtbase	创建基向量
	crtbp	创建离散随机群体
	crtrp	创建实值随机群体
适应度计算	ranking	基于秩的适应度计算
	scaling	基于比率的适应度计算
选择算子	reins	一致随机和基于适应度的重新插入
	rws	轮盘赌选择
	sus	随机遍历采样
	select	高级选择

(续)

类别	函数	功能
交叉算子	recdis	离散重组
	recint	中间重组
	reclin	线性重组
	recmut	具有变异特征的线性重组
	recombin	高级重组
	xovsp	单点交叉
	xovdp	两点交叉
	xovmp	多点交叉
	xovsh	洗牌交叉
	xovsprs	减少代理的单点交叉
	xovdprs	减少代理的两点交叉
	xovshrs	减少代理的洗牌交叉
变异算子	mut	离散变异
	mutbga	实值变异
	mutate	高级变异
子群体支持	migrate	在子群间交换个体

例 3-4：用遗传算法求解函数 $f(x) = x + 10\cos(3x) + 5\sin(4x)$ 的最大值，其中 x 的取值范围为 $[0, 12]$，其函数值图形如图 3-40 所示。

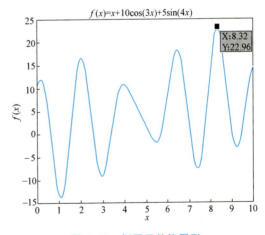

图 3-40　例题函数值图形

解法一　用标准遗传算法求解的 MATLAB 程序如下：

```
clear all;
close all;
clc;
NP = 50;
L = 20;
G = 100;
Xs = 10;
Xx = 0;
f = randint(NP, L);
for k = 1:G
    for i = 1:NP
        U = f(i, :);
        m = 0;
        for j = 1:L
            m = U(j) * 2^(j-1) + m;
        end
```

```
            x(i) = Xx+m * (Xs-Xx)/(2^L-1);
            Fit(i) = func1(x(i));
    end
        maxFit = max(Fit);
        minFit = min(Fit);
        rr = find(Fit = = maxFit);
        fBest = f(rr(1,1),:);
        xBest = x(rr(1,1));
        Fit = (Fit-minFit)/(maxFit-minFit);
        sum_Fit = sum(Fit);
        fitvalue = Fit./sum_Fit;
        fitvalue = cumsum(fitvalue);
        ms = sort(rand(NP,1));
        fiti = 1;
        newi = 1;
    while newi<=NP
    if (ms(newi))<fitvalue(fiti)
                nf(newi,:) = f(fiti,:);
                newi = newi+1;
    else
                fiti = fiti+1;
    end
    end
    for i = 1:2:NP
            p = rand;
    if p<Pc
                q = randint(1,L);
    for j = 1:L
    if q(j) = = 1;
                temp = nf(i+1,j);
                nf(i+1,j) = nf(i,j);
                nf(i,j) = temp;
    end
    end
    end
    end
        i = 1;
    while i<=round(NP*Pm)
            h = randint(1,1,[1,NP]);
```

```
       for j = 1:round(L * Pm)
                  g = randint(1,1,[1,L]);
                  nf(h,g) = ~nf(h,g);
       end
          i = i+1;
   end
       f = nf;
       f(1,:) = fBest;
       trace(k) = maxFit;
   end
       trace(k) = maxFit;
end
xBest;
figure
plot(trace)
xlabel('迭代次数')
ylabel('目标函数值')
title('适应度进化曲线')
function result = func1(x)
fit = x + 10 * sin(5 * x) + 7 * cos(4 * x);
result = fit;
```

最终的优化结果为 $x = 8.3221$，函数值为 22.96。图 3-41 所示为例题适应度进化曲线。

解法二　利用遗传算法工具箱进行求解：

在应用程序中打开图 3-42 所示的优化工具箱，在 [Solver] 下拉列表中选择 [ga-Genetic Algorithm]，在 [Fitness function] 文本框中输入目标函数（注意默认为所求函数的最小值），在 [Number of variables] 文本框中输入函数变量的个数，设定约束条件和变量范围（此例题无约束条件），单击 [Start] 按钮，可以得到和解法一相同的结果。

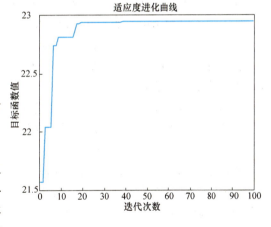

图 3-41　例题适应度进化曲线

2. 人工神经网络

人工神经网络简称神经网络（NNs）或连接模型，是一种模仿动物神经网络行为特征，进行分布式并行信息处理的算法数学模型。这种网络依靠系统的复杂程度，通过调整内部大量节点之间相互连接的关系，从而达到处理信息的目的。

神经网络是通过对人脑的基本单元——神经元的建模和连接，探索模拟人脑神经系统功能的模型，并研制一种具有学习、联想、记忆和模式识别等智能信息处理功能的人工系统。神经网络的一个重要特性是它能够从环境中学习，并把学习的结果分布存储于网络的突触连接中。神经网络的学习是一个过程，在其所处环境的激励下，相继给网络输入一些样本模

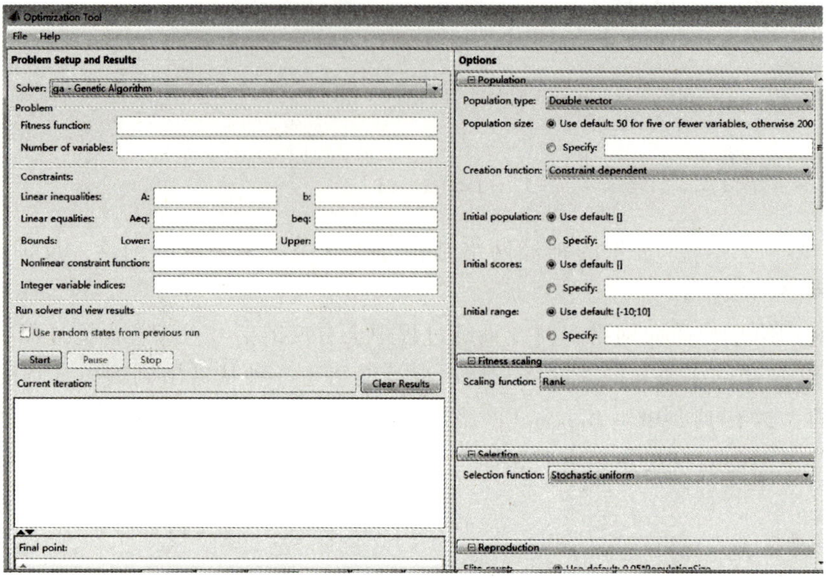

图 3-42 遗传算法工具箱设置窗口

式,并按照一定的规则(学习算法)调整网络各层的权值矩阵,待网络各层权值都收敛到一定值,学习过程结束。然后就可以用生成的神经网络来对真实数据做分类。

(1) 人工神经元模型　神经元模型是一个包含输入、输出与计算功能的模型。输入可以类比为神经元的树突,而输出可以类比为神经元的轴突,计算则可以类比为细胞核。图 3-43 所示是一个典型的神经元模型,包含有 3 个输入 (a_1、a_2、a_3)、1 个输出 (z) 以及 2 个计算功能 (sum 和 sgn)。图中的箭头线称为连接,每个连接上有一个权值 (w_1、w_2、w_3)。

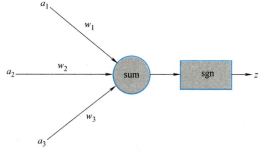

图 3-43 人工神经元结构

使用 a 来表示输入,用 w 来表示权值。一个表示连接的有向箭头可以理解为:在初端,传递的信号大小仍然是 a,中端有加权参数 w,经过这个加权后信号会变成 $a \times w$,即信号在连接的末端为 $a \times w$。

因此,$z = g(a_1 \times w_1 + a_2 \times w_2 + a_3 \times w_3)$

可见 z 是在输入和权值的线性加权和叠加了一个函数 g 的值。在 MP 模型里,函数 g 是 sgn 函数,也就是取符号函数。在这个函数中,当输入大于 0 时,输出 1;否则输出 0。

激活函数的选择是构建神经网络过程中的重要环节,常用的激活函数为:

1) 线性函数 $f(x) = kx + c$

2) 斜面函数 $f(x) = \begin{cases} T, & x \to c \\ kx, & |x| \leq c \\ -T, & x < -c \end{cases}$

3）阈值函数 $f(x)=\begin{cases}1, x\geqslant c\\ 0, x<c\end{cases}$

4）S 形函数 $f(x)=\dfrac{1}{1+e^{-ax}}[0<f(x)<1]$

5）双极 S 形函数 $f(x)=\dfrac{2}{1+e^{-ax}}-1[-1<f(x)<1]$

（2）神经网络模型　常见的神经网络结构分为 3 类：前馈神经网络，反馈神经网络，自组织神经网络。

前馈神经网络也称前向网络，只在训练过程中会有反馈信号，而在分类过程中数据只能向前传送。BP 神经网络属于前馈网络。反馈神经网络是一种从输出到输入具有反馈连接的神经网络，典型的有 Elman 和 Hopfield 网络。自组织神经网络是一种无导师学习网络，它通过自动寻找样本中的内在规律和本质属性，自组织、自适应地改变网络参数与结构。

3. 神经网络的基本特点

1）可处理非线性、自适应信息。

2）并行结构。神经网络中的每一个神经元的运算都是同样的，这样的结构最便于计算机并行处理。

3）具有学习和记忆能力。一个神经网络可以通过训练学习判别事物，或学习某一种规律和规则。

4）对数据的可容性大。在神经网络中可以同时使用量化数据和质量数据（如好、中、差、及格、不及格等）。

5）神经网络可以用大规模集成电路来实现。如用 256 个神经元组成的神经网络组成硬件，用于识别手写体的邮政编码。

4. BP 网络模型

BP 网络又称反向传播神经网络，通过样本数据的训练，不断修正网络权值和阈值，使误差函数沿负梯度方向下降，逼近期望输出。它是一种应用较为广泛的神经网络模型，多用于函数逼近、模型识别分类、数据压缩和时间序列预测等。

BP 网络由输入层、隐层和输出层组成，隐层可以有一层或多层，图 3-44 所示为三层 BP 网络模型，网络选用 S 形传递函数 $f(x)=\dfrac{1}{(1+e^{-x})}$，通过反传误差函数 $E=\dfrac{\sum_i(x_i+O_i)^2}{2}$（式中，$x_i$ 为期望输出；O_i 为网络的计算输出），不断调节网络权值和阈值使误差函数 E 达到极小。

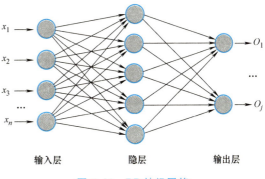

图 3-44　BP 神经网络

BP 网络具有高度非线性和较强的泛化能力，但也存在收敛速度慢、迭代步数多、易于陷入局部极小和全局搜索能力差等缺点。可以先用遗传算法对 BP 网络进行优化，在解析空间找出较好的搜索空间，再用 BP 网络在较小的搜索空间内搜索最优解。其求解过程如图 3-45 所示。

MATLAB 实现 BP 算法的过程如下：

（1）**数据预处理** 由于输入数据可能过大，会造成收敛速度变慢，因此在训练之前一般需要进行预处理，将数据映射到 [0, 1] 或 [-1, 1] 区间。在 MATLAB 中归一化处理数据可以采用"premnmx""postmnmx""tramnmx"这 3 个函数，具体的使用方法可以参考 MATLAB 使用手册。

（2）**神经网络实现函数** 主要使用"newff"（前馈网络创建函数）、"train"（训练一个神经网络）、"sim"（使用网络进行仿真），对于这些函数的详细信息可以参考 MATLAB 使用手册。其中，涉及的常用激活函数有线性函数，其字符串为"'purelin'"；对数 S 形转移函数，其字符串为"'logsig'"；双曲正切 S 形函数，其字符串为"'tansig'"。

常见的训练函数有"trainlm"（Levenberg-Marquardt 的 BP 算法训练函数）、"trainbfg"（BFGS 拟牛顿 BP 算法训练函数）、"trainrp"（具有弹性的 BP 算法训练函数）、"traingd"（梯度下降的 BP 算法训练函数）、"traingda"（梯度下降自适应 lr 的 BP 算法训练函数）、"traingdm"（梯度下降动量的 BP 算法训练函数）、"traingdx"（梯度下降动量和自适应 lr 的 BP 算法训练函数）、"trainbr"（贝叶斯正则化算法的 BP 算法训练函数）。

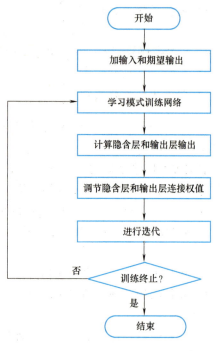

图 3-45　BP 算法求解过程

重要的网络配置参数有"net.trainparam.goal"（神经网络训练的目标误差）、"net.trainparam.show"（显示中间结果的周期）、"net.trainparam.epochs"（最大迭代次数）、"net.trainparam.lr"（学习率）。

例 3-5： 采用贝叶斯正则化算法提高 BP 网络的推广能力，用来训练 BP 网络，使其能够拟合某一附加有白噪声的正弦样本数据。

解： 构建 3 层 BP 神经网络，其中包含输入层（1 个结点）、隐含层（3 个结点，激活函数"transig"）和输出层（1 个结点，激活函数"logsig"）。采用贝叶斯正则化算法"trainbr"训练 BP 网络，其网络配置参数有目标误差（1×10^{-3}）、学习率（lr = 0.05）和最大迭代次数（500 次），拟合附加有白噪声的正弦样本数据，拟合后的图形如图 3-46 所示。

```
clear all;
close all;
clc;
P = [-1:0.05:1];
T = sin(2 * pi * P) + 0.1 * randn(size(P));
figure
plot(P,sin(2 * pi * P),':');
net = newff(minmax(P),[20,1],{'tansig','purelin'});
```

```
net. trainFcn = ' trainbr ';
net. trainParam. show = 50 ;
net. trainParam. lr = 0. 05 ;
net. trainParam. epochs = 500 ;
net. trainParam. goal = 1e-3 ;
[ net , tr ] = train( net , P , T ) ;
A = sim( net , P ) ;
E = T-A ;
MSE = mse( E ) ;
plot( P , A , P , T , '+' , P , sin( 2 * pi * P ) , ':' ) ;
legend( '样本点' , '标准正弦曲线' , '拟合正弦曲线' ) ;
```

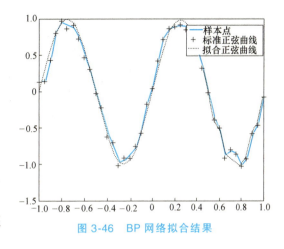

图 3-46　BP 网络拟合结果

3.7.2　多目标优化算法

多目标优化问题（MOP）起源于许多实际复杂系统的设计、建模和规划问题，几乎每个现实生活中的重要决策问题都要在考虑不同的约束的同时处理若干相互冲突的目标，这些问题都涉及多个目标的优化，这些目标并不是独立存在的，每个目标具有不同的物理意义和量纲。它们的竞争性和复杂性使得对其优化变得困难。MOP 是一类同时优化两个或两个以上目标函数的优化问题，是多目标决策的一个研究分支，又称为多目标规划、多准则优化、多属性优化或帕累托优化等。

通常多目标优化问题可以先通过目标加权转化为单目标优化问题，然后利用数学规划方法来求解。但是，这种方法每次只能得到一个最优解。目前多采用多目标进化算法（MOEAs），求解流程为先使用进化算法驱动种群，然后利用支配关系对种群个体排序，同时辅以有效的种群多样性维持策略，实现对帕累托前沿的有效逼近。

1. 多目标优化问题

多目标优化问题的描述如下：

$$\text{Min} y = F(x) = (f_1(x), f_2(x), \cdots, f_i(x))^T$$

$$\text{s. t.} \ g_i(x) = 0, \ i = 1, 2, \cdots, p$$

$$h_j(x) = 0, \ j = 1, 2, \cdots, q$$

其中，$f_i(x)$ 为待优化的目标函数；x 为待优化的变量；$g_i(x)$ 和 $h_j(x)$ 为目标函数所满足的约束，约束条件构成了可行域。

2. 帕累托最优解

多目标优化的求解过程实质上就是寻找帕累托最优解。

定义 1（可行解集合）：对于某个 $x \in X$，如果满足约束条件 $g_i(x)$（$i = 1, 2, \cdots, p$）和 $h_j(x)$（$j = 1, 2, \cdots, q$），则称 x 为可行解。

定义 2（可行解解集）：由 X 中的所有可行解组成的集合称为可行解集合，记为 X_f，且 $X_f \subseteq X$。

3. 传统的多目标优化方法

大多数传统的多目标优化方法将多个目标减少为 1 个，然后用数学规划工具求解问题。采用这些方法将多目标优化问题转换为单目标或一系列单目标优化问题，然后可以求解变换后的问题。传统的多目标优化方法有多种，约束法、加权法是其中常用的方法。

(1) **约束法** 在 MOP 问题中，从 k 个目标函数 $f_1(x)$，$f_2(x)$，…，$f_k(x)$ 中，若能够确定 1 个主要的目标，如 $f_1(x)$，而对于其他的目标函数 $f_2(x)$，…，$f_k(x)$ 只要求满足一定的条件即可，例如，要求：

$$a \leq f_i(x) \leq b, i = 2, 3, \cdots, k$$

这样就可以把其他目标当作约束来处理，则 MOP 问题可以转换为求解如下的单目标优化问题：

$$\text{Max } f_1(x)$$
$$\text{s.t. } e(x) = [e_1(x), e_2(x), \cdots, e_m(x)] \leq 0$$
$$a \leq f_i(x) \leq b, i = 2, 3, \cdots, k$$

(2) **加权法** 加权法将为每个目标函数分配权重并将其组合成为一个目标函数，加权方法可以进行如下表示：

$$\text{Max } z(x) = \sum_{i=1}^{k} \omega_i f_i(x)$$
$$\text{s.t. } x \in X_f$$

ω_i 称为权重，不失一般性，通常权重可以正则化使得 $\sum_{i=1}^{k} = 1$，求解上述不同权重的优化问题则能够输出一组解。这种方法的最大缺点就是不能在非凸性的均衡曲面上得到所有的帕累托最优解。

传统方法存在的局限性如下：

1) 一些古典方法如加权法求解多目标优化问题时，对帕累托最优前端的形状很敏感，不能处理前端的凹部。

2) 只能得到 1 个解。然而，在实际决策中决策者通常需要多种可供选择的方案。

3) 传统方法共同存在的一个关键问题就是为了获得帕累托最优解。最优集须运行多次优化过程，由于每次优化过程相互独立，往往得到的结果很不一致，令决策者很难有效地进行决策，而且要花费很多时间。

4) 多个目标函数之间量纲不同，难以统一。为了避免其中的一个目标函数支配其他目标函数，精确地给出所有目标函数的标量信息，就必须有每个目标的全局先验知识，因此计算量巨大，很难实现。

5) 加权值的分配具有较强的主观性。由于是人为规定各个目标函数的权值，因此主观性很大。

4. 遗传算法

目前的多目标优化算法有很多，下面的算法是调用 MATLAB 自带的函数 gamultiobj，该函数是基于 NSGA-Ⅱ改进的一种多目标优化算法。

例 3-6：多目标优化问题。

$$\min f_1(x_1, x_2) = x_1^4 - 10x_1^2 + x_1 x_2 + x_2^4 - x_1^2 x_2^2$$

$$\min f_2(x_1, x_2) = x_2^4 - x_1^2 x_2^2 + x_1^4 + x_1 x_2$$

s.t. $\begin{cases} -5 \leq x_1 \leq 5 \\ -5 \leq x_2 \leq 5 \end{cases}$

解：Matlab 程序如下

1）适应值函数 m 文件：

function y = f(x)
y(1) = x(1)^4-10 * x(1)^2+x(1) * x(2)+x(2)^4-x(1)^2 * x(2)^2；
y(2) = x(2)^4-x(1)^2 * x(2)^2+x(1)^4+x(1) * x(2)；

2）调用 gamultiobj 函数及参数设置如下：

clear
clc
fitnessfcn = @f； %适应度函数句柄
nvars = 2；   %变量个数
lb = [-5,-5]；   %下限
ub = [5,5]；   %上限
A = []；b = []；   %线性不等式约束
Aeq = []；beq = []； %线性等式约束
options = gaoptimset('paretoFraction',0.3,'populationsize',100,'generations',200,'stallGenLimit',200,'TolFun',1e-100,'PlotFcns',@gaplotpareto)；

% 最优个体系数 paretoFraction 为 0.3；种群大小 populationsize 为 100，最大进化代数 generations 为 200

% 停止代数 stallGenLimit 为 200，适应度函数偏差 TolFun 设为 1e-100，函数 gaplotpareto：绘制帕累托前端

[x,fval] = gamultiobj(fitnessfcn,nvars,A,b,Aeq,beq,lb,ub,options)

图 3-47 所示为该例题优化结果，可以看出帕累托前端分布较均匀，多样性较好。

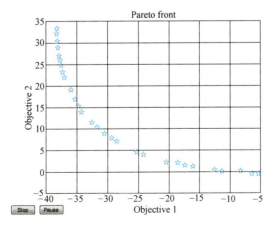

图 3-47　例题优化结果

习题

1. 提升增材制造制件质量的途径有哪些?
2. 增材制造仿真方法有哪些?宏观和微观层面的仿真对于质量保障有何意义?
3. 增材制造制件尤其是金属材料的制件,其存在的内部缺陷对该零件的性能有何影响?如何避免这些内部缺陷的出现?
4. 以 FDM 增材制造工艺为例,如何进行热与应力分析?
5. 单目标优化方法有哪些?进化类算法和惩罚函数方法相比有何优点?
6. 在增材制造中是否有需要进行多目标优化的场合?试举例说明,并建立其相应的优化数学模型。

第4章 熔融沉积成型技术（FDM）仿真分析

4.1 FDM 成型工艺

熔融沉积成型技术（FDM）是将丝状热熔性材料（ABS、PLA 等）经导料装置送至喷头，将丝材在喷头内加热至熔融态，喷头装置在计算机控制下，根据零件横截面轮廓的基本信息和填充轨迹信息，将熔化的材料挤出进行 X、Y 方向的移动，将材料选择性地涂覆在工作台上，迅速凝固完成一层截面的打印。然后，工作台按照设定的分层厚度下降一个高度，完成下一层的打印，直至完成整个实体的打印，如图 4-1 所示。成型材料主要为蜡、ABS、PLA、TPE/TPU 柔性材料、木质感材料、碳纤维材料和尼龙等，其主要的用途是制作塑料制件、铸造用蜡模、样件或模型，也可用于设计方案的验证。

与其他的增材制造工艺技术相比，FDM 的特点如下：

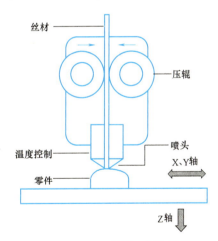

图 4-1 FDM 成型工艺原理图

（1）优点
1) 采用非激光成型系统，无须激光器等贵重元器件，因此使用和维护成本较低。
2) 原材料利用率高且可回收再利用，成本较低。
3) 打印过程和后处理过程简单且环境友好，操作环境安全，没有产生有毒气体和化学污染的危险。同时，丝材易于保存，不需要进行大量粉尘的回收和处理，也不需要安装粉尘处理装置。
4) 成本低。相比于其他使用激光器的工艺方法，FDM 机器的成本会大大降低，便宜的价格有利于市场的推广。

（2）缺点
1) 由于喷头做机械运动，所以打印速度比较慢。
2) 成型精度很低，根据其成型原理，可以发现成型件表面有明显的台阶痕迹，成型后的表面较粗糙,其精度最高为 0.1mm,因此需要进行后处理(抛光处理),以提高表面质量。

3)打印过程中需要材料作为支撑,但支撑结构的去除较困难,同时也会影响成型件的表面质量。

4.2 FDM 成型工艺仿真模拟

4.2.1 FDM 成型过程温度场的有限元模拟

FDM 成型过程是材料从固态—熔融态—固态转变的逐层累积的过程。在此工艺过程中,由于存在着能量的输入与转换,热过程是决定成型零件精度的重要因素,因此为掌握工艺参数对成型质量的影响,需研究熔融沉积成型的热过程。对于 FDM 热过程的分析,需基于有限元分析的基本理论,建立温度场有限元分析模型,并确定温度场分析的边界条件以及初始条件,进行 FDM 的有限元模拟。依据有限元的分析结果,可得到不同工艺参数下熔融沉积成型温度场的分布情况,为后续的应力分析和工艺参数优化奠定必要的基础。

FDM 成型过程温度场分析是一个非常复杂的过程,在数值模拟时,应分析其瞬态热过程,应主要分析其热传导和热对流两种热传递方式。另外,材料从熔融态到固态的转变过程中,由于温度不同,因此材料的性质不同,在模拟分析时需要考虑材料的非线性问题。同时,需要采用三维有限元分析工具进行模拟,分析成型件不同区域的温度随时间和空间的变化关系。

1. 温度场有限元分析基本假设

1)由于 PLA 丝材挤出形状近似为细圆柱体,可将它的挤出过程视作一个个小六面体单元。

2)每个单元初始温度为材料从喷嘴挤出时的温度,已堆积材料与空气进行对流换热。

3)材料热塑性参数的确定主要取决于热传导情况。

2. 有限元热分析基本方程

熔融沉积成型温度场分析过程属于非线性瞬态热过程,热传导的控制微分方程为

$$\frac{\partial}{\partial x}\left(k_{xx}\frac{\partial T}{\partial x}\right)+\frac{\partial}{\partial y}\left(k_{yy}\frac{\partial T}{\partial y}\right)+\frac{\partial}{\partial z}\left(k_{zz}\frac{\partial T}{\partial z}\right)+q=\rho C\frac{\mathrm{d}T}{\mathrm{d}t} \tag{4-1}$$

式中 T——表示温度;

t——表示时间;

k_{xx},k_{yy},k_{zz}——分别表示材料沿着 X、Y、Z 方向的热传导系数 [W/(m·K)];

q——表示系统内能的变化;

ρ——表示材料密度(kg/m³);

C——表示材料的比热容 [J/(kg·K)]。

该控制微分方程为热量平衡方程,式中从左至右第一、二、三项分别为从 X、Y 和 Z 方向传入微元体的热量,第四项为微元体热源内产生的热量,最后一项为微元体升温需要的热量,该微分方程表明微元体升温需要的热量与传入微元体的热量和微元体内热源产生的热量相平衡,满足热力学第一定律。

3. 相变潜热处理

在 FDM 成型过程的温度场分析中，ABS、PLA 材料都经历了从玻璃态—高弹态—黏流态—高弹态—玻璃态的转变过程，存在相变潜热问题。相变潜热是指相变过程材料吸收或释放出热量，对于 ABS 材料，将热焓随温度的变化计入相变潜热作为定压比热容的一部分，根据比热容计算各处温度的焓值，其温度热物性参数见表 4-1。对于 PLA 材料，可采用比热容突变法处理相变潜热问题。比热容突变法是将潜热的作用以比热容在熔化范围内的突变来代替，PLA 材料的熔化过渡区较大，符合该方法的适用范围，因而该方法对于 PLA 材料来说是有效且可靠的。PLA 材料性能参数见表 4-2 所示。

表 4-1 ABS 材料温度热物性参数

温度/℃	导热系数/[W/(m·℃)]	比热容/[J/(kg·K)]	密度/(kg/m³)	焓/(J/m³)
25	0.18	1300	1050	0
85	0.18	1300	1050	8.19×10^7
101	0.18	1300	1050	1.04×10^8
150	0.18	1500	1050	1.76×10^8
170	0.18	1500	1050	2.16×10^8
250	0.18	1500	1050	3.42×10^8

表 4-2 PLA 材料性能参数

温度/℃	比热容/[J/(kg·K)]	密度/(kg/m³)	导热系数/[W/(m·℃)]	弹性模量/MPa	泊松比	热膨胀系数/(1/K)
47.5	1560	1250	0.025	3500	0.35	1.3×10^{-5}
54.9	1700					
60.3	1820					
109.3	1900					
134.9	2320					
145.6	4360					
152.0	2100					
172.3	1980					

4. 生死单元技术

如果模型中添加或移除材料，则相应的模型单元会"存在"或者"消亡"，在这种情况下，可以在模型加载过程中的某一指定时间（载荷步）中利用单元的［生］与［死］选项来杀死或重新激活选定的单元。单元的生与死被定义为一种状态变化的非线性问题（类似于接触问题）。

单元在一个载荷步中的第一个子步被杀死或被激活，然后在整个载荷步中保持该状态。

1）杀死的单元实际上并没有被移走，它们只是变得无效而已。

① 被杀死单元的刚度乘以一个很小的缩减因子。

② 在载荷矢量中，和死亡单元相联系的单元载荷（如压力与温度）为 0。

③ 死亡单元的质量、阻尼和应力刚化效果设置为 0。

④ 当单元被杀死时，单元的应变也被设置为 0，可以利用这一特征来模拟退火。

2）出生单元也不是被真正加入模型中，它们只是重新被激活了。

① 所有单元，包括在分析的后一阶段产生的单元，都必须在前处理阶段就被生成。

② 单元被重新激活时，它们的刚度、质量、阻尼及单元载荷都恢复原值。

③ 被激活的单元无应变历史记录，被激活时其应力与应变均为0。

和其他分析过程一样，单元生与死的使用也包括三个主要步骤：建模；加载并求解；查看结果。当在前处理器中建模时，应在分析开始就创建所有单元，包括一些到载荷结束也不会被激活的单元。

并非所有单元都支持生与死的操作，只能杀死或激活那些具有生死能力的单元。单元的生与死载荷步选项可以在既定的载荷步杀死或激活单元。推荐使用的分析选项：

① 打开几何非线性（[NLGEOM]→[ON]）选项，激活大变形效果。

② 单元生与死不能使用默认的 [Newton-Raphson]（牛顿-拉夫逊方法）选项，需使用完全 [Newton-Raphson] 选项。

在一个载荷步内杀死和激活单元可通过以下菜单路径打开：

[Solution]→[Load Step Opts]→[Other]→[Birth & Death]。

如果默认的刚度缩减因子（1.0×10^{-6}）不适于当前的分析，也可以自行设定其值（通常更小）：

[Solution]→[Load Step Opts]→[Other]→[Birth & Death]→[Stiffness Multiplier]。

注意：不与任何单元连接的节点会发生"漂移"。在某些情况下，可能需要约束不被激活的自由度，以减少要求解的方程数目或避免出现病态条件。单元被激活时，如果想维持其一定的形状，那么约束不被激活的自由度是很重要的。但在重新激活单元时一定要删除这些人为约束。

5. 求解的命令流实例

```
NLGEOM ON    !打开大变形效果
NROPT, FULL  !必须明确设定牛顿-拉普森选项
ESTIF, …     !设定非默认缩减因子（可选）
ESEL, …      !在本载荷步中选择将杀死的单元
EKILL, …     !杀死选择的单元
ESEL, S, LIVE    !选择所有活单元
NSLE, S      !选择所有活节点
NSEL, INVE   !选择所有非活的节点
D, ALL, ALL, 0  !约束所有非活的节点自由度（可选）
NSEL, ALL    !选择所有节点
ESEL, ALL    !选择所有单元
D, …         !施加合适的约束
F, …         !施加合适的活动节点自由度载荷
SAVE         !存储数据库
SOLVE        !求解
```

如果需要保持死亡单元的应变记录，可以通过在求解器中改变材料属性来杀死单元：

[Solution]→[Load Step Opts]→[Other]→[Change Mat Props]。

然而，这一操作不能删除单元集中载荷、应变、质量、比热容等。如果在求解器中改变

材料属性不当，则会导致收敛问题。例如：一个单元的刚度被缩减为 0，而保留其质量，那么在求解加速度载荷的问题中将产生奇异性。

对于大多数部件来说，用户在对包含生和死的单元进行后处理操作时应按照标准的过程进行。应注意死单元仍在模型中，并被包括在单元显示及输出列表中。可以通过选择操作从单元显示及其他后处理操作中移走死单元。

如果要对不同的载荷步做后处理，一定要先确定数据库中存有和该载荷步生死状态相匹配的所有单元的生死状态（对于改变生死状态的每一载荷步应做一个数据库副本）。

在一些问题中必须依据计算结果激活或杀死单元。例如：要在一个热分析中杀死熔融单元，就必须根据计算出的温度确定这些单元。通过把结果存储到单元列表中并从中选择关键单元，从而来确定这些单元。然后杀死关键单元并重新进行求解。

6. 基于结果杀死单元的命令流实例

```
…                    !以前求解过程
/POST1               !进入 POST1
SET,…                !读入结果
ETABLE,…             !将标准存入 ETABLE
ESEL,S,…             !根据 ETABLE 项选择单元
FINISH
!
/SOLU                !重新进入 SOLUTION
ANTYPE,,REST         !重新求解
EKILL,ALL            !杀死选择的单元
ESEL,ALL             !恢复全部单元设置
…                    !继续求解
```

杀死或激活单元会导致模型刚度的突变，甚至还会导致收敛困难。所以应该限制在某一载荷步中生死单元的数目。由于迭代过程中大的刚度缩减会导致不连续现象发生，应使用 Newton-Raphson（牛顿-拉夫逊方法），使用线性搜索方法作为收敛工具也会有所帮助。

基于熔融沉积成型的过程随着时间的推移，材料是在逐步累加的，且是非线性瞬态分析的温度场数值模拟，因而需要用到"生死单元技术"模拟材料的堆积过程。

4.2.2 FDM 成型过程应力应变场有限元模拟

从上面的分析中可以看出，FDM 成型件在成型过程中不同位置处的温度分布不均，由于材料具有热胀冷缩的特性，因此 FDM 成型件会因为温度分布不均而引起成型件热应力以及残余应力的分布，从而造成成型件普遍存在翘曲变形问题。利用 ANSYS 仿真软件，在上述温度场仿真分析的基础上，可以进行应力—应变场的模拟仿真分析，以探讨最优的成型工艺参数。

1. 热—力耦合分析基本假设

（1）连续性假设　成型件被均匀填充，不发生开裂现象，成型件的内力和变形均为连续函数。

（2）均匀性假设　成型件内部各不同位置处的力学性能完全相同。

(3) **各向同性假设** 成型件材料在各个方向上具有相同的力学性能。
(4) **塑性理论** 成型件材料在塑性变形过程中遵循塑性理论。
(5) **强化准则和塑性流动准则** 成型件在塑性变形区内的行为,遵从强化准则和塑性流动准则。

2. 塑性理论

塑性理论包含屈服准则、流动准则和硬化准则。屈服准则是判断何时达到屈服,它是弹塑性计算分析的首要条件。流动准则是判断材料屈服后塑性应变增量的方向,即各分量的比值。硬化准则是决定给定的应力增量引起的塑性应变增量的大小。

(1) **屈服准则** 在一定的变形条件下,只有当各应力分量之间符合一定的关系时,质点才开始进入塑性状态,这种关系称为屈服准则。屈服准则是求解塑性成型问题的补充方程。

当受力物体内质点处于单向应力状态时,只有当单向应力达到了材料的屈服强度的时候,该质点开始由弹性状态进入到塑性状态,即处于屈服状态。当受力物体内质点处于多向应力状态时,需要同时考虑所有的应力分量。在一定的变形条件下,当各应力分量之间符合一定关系时,质点才开始进入塑性状态,这种关系为塑性条件,它是描述受力物体中不同的应力状态下质点进入到塑性状态并且使塑性变形持续所需要遵循的力学条件。

Mises 屈服准则是德国力学家在 1913 年提出的一个屈服准则,它是在一定的变形条件下,当受力物体内一点的等效应力达到了某一定值时,该点就开始进入到塑性状态。其表达式为

$$\sigma_s^2 = \frac{1}{2}[(\sigma_1-\sigma_2)^2+(\sigma_2-\sigma_3)^2+(\sigma_3-\sigma_1)^2] \qquad (4\text{-}2)$$

式中,σ_1、σ_2、σ_3 为三个主应力;σ_s 为材料的屈服强度。

(2) **流动准则** 流动准则是材料达到屈服后,对塑性变形增量方向的假定,即确定塑性变形增量各分量之间的比例变化关系。

(3) **硬化准则** 在塑性变形过程中,随着应变的增加,应力会急剧增加,即发生加工硬化现象,而硬化准则使用函数式来描述这一变化过程中应力与应变的关系。

3. 热—应力耦合分析过程

耦合场分析是指考虑两种以上的工程物理场之间相互作用的分析方法。FDM 成型过程的耦合分析为热—应力耦合分析,首先计算成型件温度场的分布情况,然后在温度分布的基础上研究热应力情况。耦合场分析包括直接耦合和间接耦合两种方法。

1) 直接耦合方法是包含所有自由度的耦合单元类型,只需要一次求解即可得出耦合场分析结果,适用于多个物理场各自响应且相互依赖的情况。由于要满足多个准则才能够取得平衡状态,因而直接耦合分析一般是非线性的。每个节点上的自由度越多,矩阵方程就越大,耗费时间则越多。在这种情况下,耦合是依靠计算包含所有必须项的单元矩阵或单元载荷向量来实现的。

2) 间接耦合方法是按照顺序进行两次及更多次的相关场分析。它是将第一次场分析的结果作为第二次场分析的载荷来完成两种场的耦合。在耦合场之间的相互作用是低度非线性的情况下,两个分析之间相互独立,该方法会更灵活和方便。间接耦合分析还可以在不同物理场之间交替执行,直到收敛到一定的精度为止。

4.2.3 FDM 成型工艺过程仿真实例

本节以 PLA 材料的熔融沉积成型为例,介绍有限元模型的建立方法和过程。

1. FDM 温度场仿真分析

(1) 扫描填充路径 FDM 成型过程为沿着 XY 平面以不同的扫描方式进行填充,如图 4-2 所示,内部填充模式有四种,分别为 Honeycomb 扫描路径、Grid 扫描路径、Wiggle 扫描路径和 Rectilinear 扫描路径。用切片软件将模型底层和顶层均设置为 0 层,将外层壳体设置为 1 层,内部填充比例为 25%,图中数字为扫描序列,其中数字 1 为外层扫描填充路径,数字 2 或 3 均为内部填充扫描路径。箭头表示扫描路径初始方向。图 4-2a 中每一层扫描填充路径为 1→2;图 4-2b 中每一层扫描填充路径为 1→2→3;图 4-2c 中每一层扫描填充路径为 1→2;图 4-2d 中第一层扫描填充路径为 1→2,第二层扫描填充路径为 1→3,第三层扫描填充路径为 1→2。

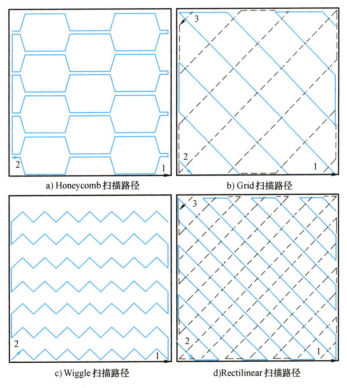

图 4-2 熔融沉积成型过程的扫描路径

(2) 单元类型 ANSYS 热分析共提供了 40 余种单元,其中包括辐射单元、对流单元、特殊单元以及前面所介绍的耦合场单元等。其中常见的用于热分析的单元有 16 种,见表 4-3。

在 FDM 成型过程的仿真分析中,热分析单元采用 SOLID70 热单元进行网格划分,SOLID70 是一个具有导热能力的单元,该单元拥有 8 个节点,每个节点只有一个温度自由度。该单元可以应用于三维稳态或瞬态的热分析,同时还可以补偿由于恒定速度场质量传递带来的热流损失。

表 4-3　ANSYS 常用的热分析单元

单元名称	单元代号	单元特征
点	MASS71	1 节点单元
线	LINK32	二维 2 节点热传导单元
	LINK33	三维 3 节点热传导单元
	LINK34	2 节点热对流单元
	LINK31	2 节点热辐射单元
面	SURF151	二维 2 节点、3 节点、4 节点单元
	SURF152	三维 4 节点、5 节点、8 节点、9 节点单元
二维实体	PLANE55	4 节点四边形单元
	PLANE77	8 节点四边形单元
	PLANE35	6 节点三角形单元
	PLANE75	4 节点轴对称单元
	PLANE78	8 节点轴对称单元
三维实体	SOLID87	10 节点四面体单元
	SOLID70	8 节点六面体单元
	SOLID90	20 节点八面体单元
壳	SHELL57	4 节点壳单元

（3）有限元模型　使用 PLA 材料不需要对底板进行加热，因而底板温度即为室温，为了简化计算，可以不添加底板。而对于 ABS 材料，打印时底板需要加热，因此，底板不能被忽略。图 4-3 所示的有限元模型中，成型件尺寸为 12.0mm×12.0mm×1.2mm，网格大小为

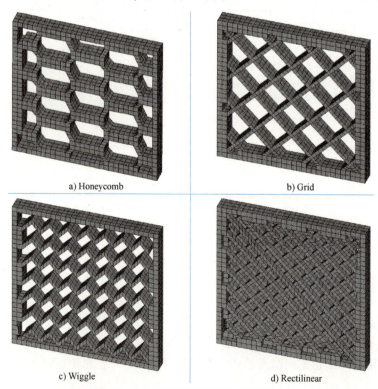

a) Honeycomb　　b) Grid　　c) Wiggle　　d) Rectilinear

图 4-3　熔融沉积成型过程的有限元模型

0.4mm×0.4mm×0.4mm，单元数量分别是 1299（Honeycomb）、1467（Grid）、1323（Wiggle）和 1435（Rectilinear）。

（4）**算法设计** 在求解之前，需要确定模型的材料属性、初始条件和边界条件。新的求解之前要清除上次热源，并在新的位置再添加热源，每一次求解都是以上一次求解结果作为初始条件继续求解。熔融沉积成型过程温度场的有限元求解的算法设计如图4-4所示。

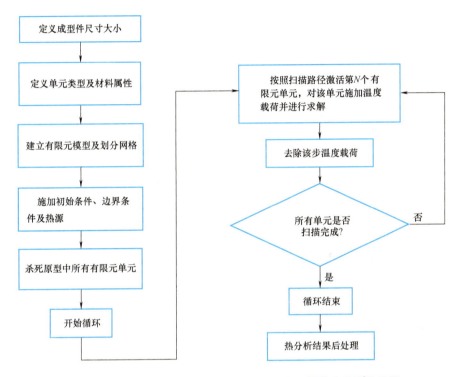

图4-4 熔融沉积成型过程温度场的有限元求解的算法设计流程图

根据熔融沉积成型过程的特点，利用生死单元功能，每过一个时间步长激活一个单元，利用APDL语言完成扫描过程。定义单元类型及材料属性如下：

/prep7
ET,1,SOLID70
MP,DENS,1,1250
MP,KXX,1,0.025
MPTEMP,1,47.5,54.9,60.3,109.3,134.9,145.6
MPTEMP,7,152,172.3
MPDATA,C,1,,1560
MPDATA,C,1,,1700
MPDATA,C,1,,1820
MPDATA,C,1,,1900
MPDATA,C,1,,2320

```
MPDATA,C,1,,4360
MPDATA,C,1,,2100
MPDATA,C,1,,1980
```
由于在扫描初期还未生成零件,因此,此时应将所有单元杀死:
```
ESEL,S,ELEM,,1,AR1,1,0
EKILL,ALL
ALLSEL,ALL
```
随着扫描的进行,依次激活单元,每激活一个单元则在该单元上施加温度约束并进行求解,求解完成后则删除温度约束并激活下一个单元。成型路径基本算法如下:
```
*DO,AR26,AR10,AR11,1
ESEL,S,ELEM,,AR26,,,0
EALIVE,ALL
*DO,J,1,8
D,NELEM(AR26,J),TEMP,max_temp
*ENDDO
ALLSEL,ALL
SOLVE
ESEL,S,ELEM,,AR26,,,0
*DO,J,1,8
DDELE,NELEM(AR26,J),TEMP
*ENDDO
ALLSEL,ALL
AR24=AR24+AR21
TIME,AR24
*ENDDO
```

(5) 熔融沉积成型过程温度场分析　　下述的温度场仿真分析基于以下参数:原材料为PLA,扫描速度为40mm/s,时间步长为0.01s,室内温度为25℃。

1)熔融沉积成型过程某一时刻温度梯度特征分析。温度梯度是一个矢量,它是指某个瞬时给定的点处朝着温度增加方向的温度变化率。由温度梯度定义可知,温度梯度越大,则模型越容易产生缺陷,因而对成型件温度场的温度梯度分布进行分析具有重要的意义。

如图4-5所示,温度梯度沿着X轴方向和沿着Y轴方向分布很不均匀,而沿着Z轴方向分布均匀。这是由于熔融沉积成型打印原理所致的,熔融沉积成型打印过程是沿着XOY平面一层一层进行的,因而变形主要集中在XOY平面。

2)熔融沉积成型过程不同时刻温度场特征分析。选择Honeycomb扫描路径,对打印过程中6个时刻的温度分布进行分析。图4-6所示为0.32s时刻的温度分布云图,其最高温度为200℃,最低温度为25℃,最大温差为175℃。图4-7所示为3.27s时刻的温度分布云图,其最高温度为200℃,最低温度为25.1℃,最大温差为174.9℃。图4-8所示为5.26s时刻的温度分布云图,其最高温度为200℃,最低温度为38.1℃,最大温差为161.9℃。图4-9所

第4章 熔融沉积成型技术（FDM）仿真分析

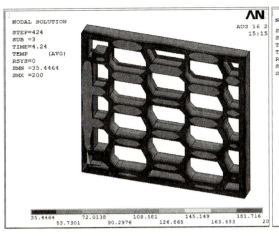

a) 总温度梯度云图

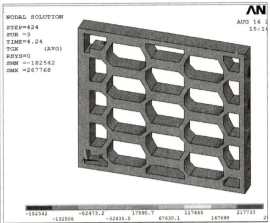

b) X轴温度梯度云图

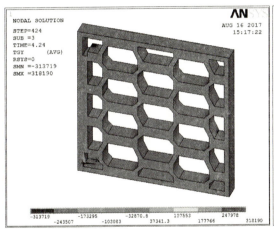

c) Y轴温度梯度云图

d) Z轴温度梯度云图

图 4-5　4.24s 时刻成型件温度梯度云图

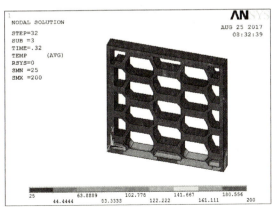

图 4-6　0.32s 时刻温度分布云图

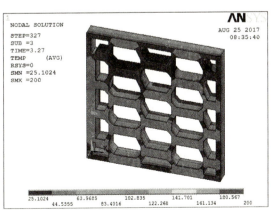

图 4-7　3.27s 时刻温度分布云图

示为 7.34s 时刻的温度分布云图，其最高温度为 200℃，最低温度为 39.24℃，最大温差为 160.76℃。图 4-10 所示为 10.25s 时刻的温度分布云图，其最高温度为 200℃，最低温度为 58.1℃，最大温差为 141.8℃。图 4-11 所示为 11.27s 时刻的温度分布云图，其最高温度为 200℃，最低温度为 59.1℃，最大温差为 140.9℃。

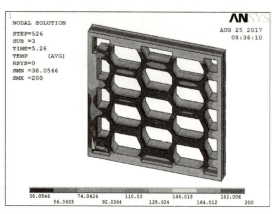

图 4-8 5.26s 时刻温度分布云图

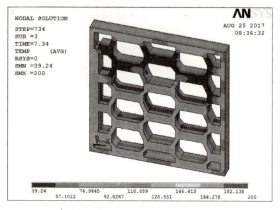

图 4-9 7.34s 时刻温度分布云图

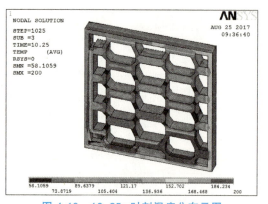

图 4-10 10.25s 时刻温度分布云图

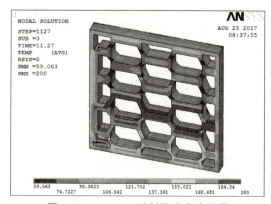

图 4-11 11.27s 时刻温度分布云图

从这些图中可以看出，刚开始成型时，温度场分布范围较小，温差较大，随着成型过程的进行，热影响范围越来越大，成型至第 3 层时，热影响范围扩展至整个成型件。

3) 熔融沉积成型过程各节点的温度随时间变化分析。为了检查熔融沉积成型过程中各节点的温度随时间变化关系，本次分析从第 1 层、第 2 层和第 3 层上表面随机选取 3 个节点。图 4-12 所示为 8.47s 时刻成型件的温度分布云图，本次分析所选择的 3 个节点为节点 2187、节点 1175 和节点 2510。所选节点温度随时间的变化曲线如图 4-13 所示。

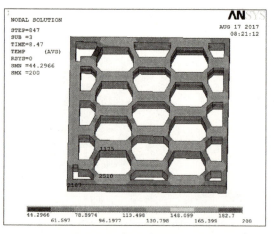

图 4-12 8.47s 时刻成型件的温度分布云图

其中，图4-13a所示为节点2187的温度随时间变化曲线；图4-13b所示为节点1175的温度随时间变化曲线；图4-13c所示为节点2510的温度随时间变化曲线。

如图4-13所示，$t=0\text{s}$时刻，喷头开始挤出PLA丝材进行成型件堆积。此时，节点2187的温度达到最大值，由于喷头离节点1175较远，而离节点2510较近，因而节点1175温度几乎没有变化，而节点2510的温度迅速升高。随着喷头的离开，节点2187的温度迅速下降，但随着喷头扫描到第2层该节点位置时，节点2187的温度再一次达到最大值。节点1175共有3次升温，第1次升温因为喷头移动至节点1175下方时导致温度升高，但由于此时距离节点1175仍然较远，因而温升并不高；第2次和第3次升温是由于喷头喷出的PLA丝材恰好经过节点1175，因而温度能达到最大值200℃。节点2510共有6次温升，随着堆叠的进行，每次温升的影响效果也在逐步增加，直到喷头挤出材料在扫描第3层的外层和填充结构部分时两次到达节点2510，并且温度两次达到最大值。

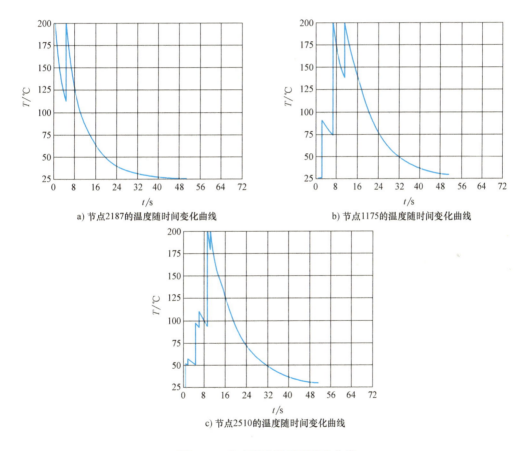

a) 节点2187的温度随时间变化曲线

b) 节点1175的温度随时间变化曲线

c) 节点2510的温度随时间变化曲线

图4-13 节点温度随时间变化曲线

4）熔融沉积成型过程中不同填充路径的温度场分析。

下面将Honeycomb、Grid、Wiggle和Rectilinear这4种不同填充路径做比较来得到不同扫描填充路径对温度场的影响。扫描速度仍为40mm/s，选择扫描填充结束时的温度场分布情况进行研究。图4-14所示为Honeycomb填充路径温度场分布云图，扫描结束时刻为

15.9s，此时图中最高温度为 199.83℃，最低温度为 53.9983℃。图 4-15 所示为 Grid 填充路径温度场分布云图，扫描结束时刻为 15.91s，此时图中最高温度为 199.786℃，最低温度为 41.1451℃。图 4-16 所示为 Wiggle 填充路径温度场分布云图，扫描结束时刻为 13.27s，此时图中最高温度为 199.682℃，最低温度为 39.8913℃。图 4-17 所示为 Rectilinear 填充路径的温度场分布云图，扫描结束时刻为 14.25s，此时图中最高温度为 200℃，最低温度为 27.7774℃。这 4 种填充路径在扫描结束时刻最高温度均接近 200℃。这是由于扫描结束时，喷头刚刚离开模型，因此扫描末端 PLA 丝材接近最高温。Honeycomb 填充路径所对应的成型件在扫描结束时刻整体温度最高，即 Honeycomb 填充路径在扫描中所对应的温度梯度最小。由此可以预计 Honeycomb 填充路径的应力波动也最小。

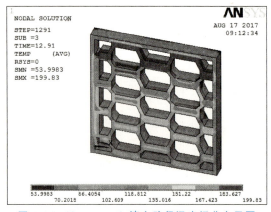

图 4-14　Honeycomb 填充路径温度场分布云图

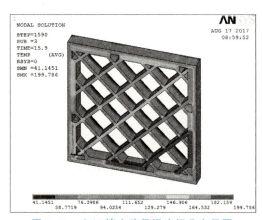

图 4-15　Grid 填充路径温度场分布云图

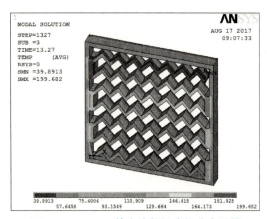

图 4-16　Wiggle 填充路径温度场分布云图

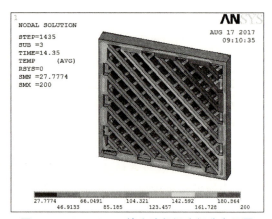

图 4-17　Rectilinear 填充路径温度场分布云图

2. FDM 应力场仿真分析

在熔融沉积成型 FDM 的应力场分析中，可以采用间接耦合方法进行分析。间接热—应力耦合分析是将热分析得到的节点温度作为"体力"载荷施加到后续的应力分析中来实现耦合。在热—应力耦合分析中，可以先进行非线性瞬态热分析，然后再进行线性静态应力分析。

(1) 单元类型 进行应力—应变场分析时,需要将温度场分析时采用的 SOLID70 单元(三维 8 节点六面体结构分析单元)转换为结构单元 SOLID185(三维 8 节点六面体结构分析单元),该单元具有塑性大、超弹性、应力刚化效应和变形大等功能。

熔融沉积成型过程应力场分析需要转换单元类型并定义相应的材料属性:
ETCHG,TTS
MP,ALPX,1,1.3e-5
MP,EX,1,3.5e9
MP,PRXY,1,0.35

(2) 算法设计 熔融沉积成型过程对应的应力场也是一个瞬态计算过程,其应力场的变化是由于温度场导致的。可将约束简化为底部静态完全约束。应力场的算法设计流程如图 4-18 所示。

在进行热应力耦合分析时,可以将热分析结果作为载荷加入到结构分析中,从而得到应力分析结果。

*DO,AR27,1,ARG3,1
LDREAD,TEMP,AR27,,,,'moxing',' RTH '

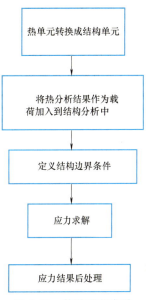

图 4-18 熔融沉积成型过程应力场算法设计流程图

(3) 熔融沉积成型过程应力—应变场模拟结果分析

1) 同一种路径下应力场分布分析。同样选择 Honeycomb 扫描填充路径分析扫描结束时的应力场分布情况。如图 4-19 所示,扫描结束的瞬时等效应力在总体上的分布是不均匀的。如图 4-20~图 4-22 所示,切应力 τ_{XY} 的分布很不均匀,而 τ_{XZ} 和 τ_{YZ} 的分布比较均匀。这与熔融沉积成型原理有关,因为熔融沉积成型是一层一层进行的,因而变形主要集中在 XOY 平面,而 XOZ 平面和 YOZ 平面几乎没有应力集中现象。

2) 不同扫描填充路径应力场的比较。图 4-23 所示为 Honeycomb 扫描填充路径在扫描结束时的 Mises 应力场分布云图,扫描结束时成型件最小应力值为 0,最大应力值为 3.61MPa。图 4-24 所示为 Grid 扫描填充路径在扫描结束时的 Mises 应力场分布云图,扫描结束时成型件最小应力值为 0.57MPa,最大应力值为 15.7MPa。图 4-25 所示为 Wiggle 扫描填充路径在扫描结束时的 Mises 应力场分布云图,扫描结束时成型件最小应力值为 0.50MPa,最大应力值为 13.8MPa。图 4-26 所示为 Rectilinear 扫描填充路径在扫描结束时的 Mises 应力场分布云图,扫描结束时成型件最小应力值为 0.42MPa,最大应力值为 38.8MPa。对比可知 Honeycomb 扫描填充路径应力分布最均匀,且变形最小,进一步验证了最优的扫描填充路径为 Honeycomb。

3) 不同扫描路径下应变场模拟结果分析。图 4-27 所示为 Honeycomb 扫描填充路径在扫描结束时的等效应变场分布云图,扫描结束时成型件最小应变值为 0,最大应变值为 0.0011。图 4-28 所示为 Grid 扫描填充路径在扫描结束时的等效应变场分布云图,扫描结束时成型件最小应变值为 0.000196,最大应变值为 0.0045。图 4-29 所示为 Wiggle 扫描填充路径在扫描结束时的等效应变场分布云图,扫描结束时成型件最小应变值为 0.000142,最大应变值为 0.0039。图 4-30 所示为 Rectilinear 扫描填充路径在扫描结束时的等效应变场分布云图,扫描结束时成型件最小应变值为 0.00022，最大应变值为 0.011。对比可知，Honeycomb 扫描填充路径应变分布最均匀且应变值最小，因而最优的扫描填充路径为 Honeycomb。

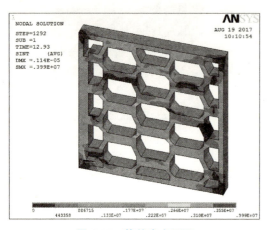

图 4-19　等效应力云图

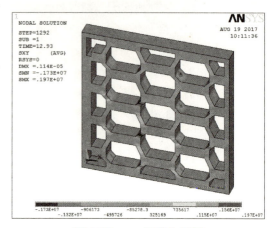

图 4-20　τ_{XY} 切应力云图

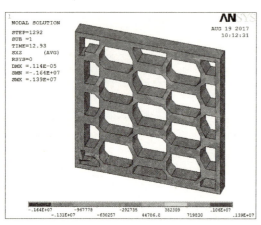

图 4-21　τ_{XZ} 切应力云图

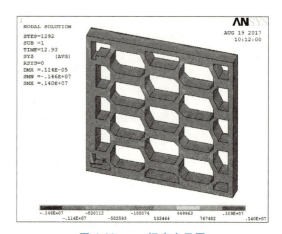

图 4-22　τ_{YZ} 切应力云图

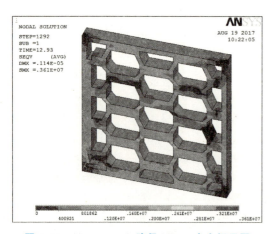

图 4-23　Honeycomb 路径 Mises 应力场云图

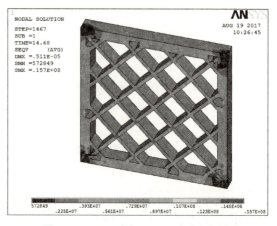

图 4-24　Grid 路径 Mises 应力场云图

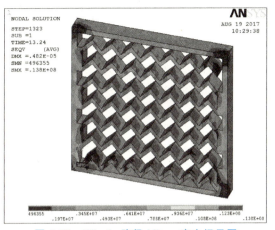
图 4-25　Wiggle 路径 Mises 应力场云图

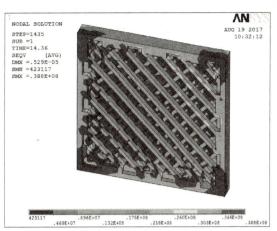
图 4-26　Rectilinear 路径 Mises 应力场云图

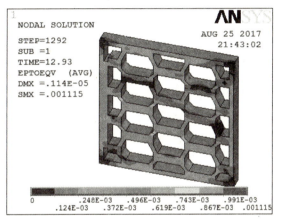
图 4-27　Honeycomb 路径等效应变云图

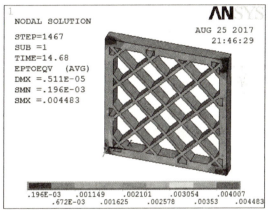
图 4-28　Grid 路径等效应变云图

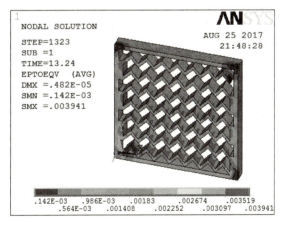
图 4-29　Wiggle 路径等效应变云图

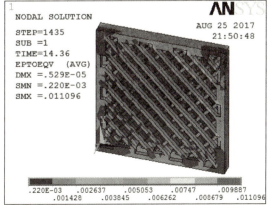
图 4-30　Rectilinear 路径等效应变云图

4.3 FDM 成型质量影响因素

目前 FDM 成型技术存在的主要问题是加工表面质量较差；无法制造大尺寸的零件；存在翘曲和开裂等质量问题。因此，提高 FDM 成型件的精度越来越重要。在 FDM 成型过程中，影响 FDM 成型件精度的因素有以下几方面。

1. 系统误差

增材制造设备本身在设计、生产和安装过程中所产生的成型系统误差，这是影响成型件精度的原始误差。系统误差主要包括工作台 Z 轴运动产生的几何误差和 XY 平面度误差产生的理论几何形状与实际成型件几何形状间的误差。增材制造设备的制造和装配精度以及操作期间的振动将影响其打印精度。FDM 型 3D 打印机除了 X 轴、Y 轴移动之外，还增加了 Z 轴的纵向移动。任何移动都会造成部件之间的相互摩擦，都会存在微小的偏差。例如：XY 平面度误差，增材制造设备机架结构和所用材料的韧度将对其稳定性产生很大影响。选择较重的增材制造设备和更稳定的材料将有助于提高 3D 打印机打印时的稳定性和耐用性。在选择增材制造设备时，应尽量避免此类系统误差的存在。

2. STL 格式转换误差

STL 格式是由 3D SYSTEMS 公司在 1988 年提出的一种为快速原型制造技术服务的三维图形文件格式。其基本思想是将 STL 模型离散成多层的曲面轮廓，然后用多个小三角形面片去近似表示成型件模型。使用 STL 格式对 CAD 模型进行转化时，便会造成实际模型在精度上的损失。模型拥有多个曲面特征的时候，在曲面相交的地方则会出现重叠、空洞等缺陷，与理论 CAD 模型间的误差常用弦高 ψ 来表示。弦高表示三角形面片的轮廓边与原来曲面间的最大的径向距离，如图 4-31 所示。

在 STL 格式文件的转换中，三维实体转换的质量与转换参数的设置息息相关。从转换设置可以看出，导出的参数中弦高决定了三角形面片的大小，随着模型导出的精度越高则弦高值越小。三角形面片的数量以及角度也会影响到原型件的精度。三角形面片数量越多且角度越小则打印出来的成型件越接近理论模型，即精度越高，反之精度差，误差大。图 4-32 所示为使用弦高 $\psi = 0.01\text{mm}$ 和 $\psi = 0.5\text{mm}$ 转换生成的两种 STL 格式文件。对于相同弦高，采用较小的弦高值则生成的 STL 格式文件误差越小。但较小的弦高也会产生更多的三角形面

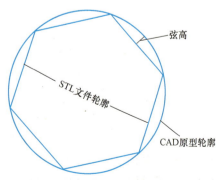

图 4-31 转换成 STL 格式文件的误差

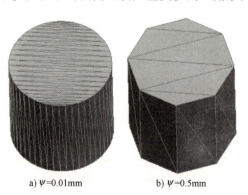

a) $\psi = 0.01\text{mm}$ b) $\psi = 0.5\text{mm}$

图 4-32 相同模型不同弦高的 STL 文件

片数量，从而影响数据处理速度和打印时间，因而弦高的选择应当依据实际情况而定。

3. 材料收缩误差

目前 FDM 型 3D 打印机主要使用高分子热塑性材料（如 PLA、ABS 等），材料本身具有热膨胀性，因而材料挤出固化后体积会发生变化。对于此类误差，材料制造厂商通过研发新的材料配方来降低材料的收缩率，以提高成型精度，也可以通过切片软件采用预补偿的方式，打印前预先考虑材料收缩量，调整零件尺寸，尽可能降低此类误差的影响。

4. 工艺参数所引起的误差

(1) 喷丝线宽所引起的轮廓线误差　在实际成型过程中，由于丝材具有一定的宽度，从而导致实际加工轮廓线与理想轮廓线具有一定的距离。因此，在生成实际轮廓线时，一定要对理想轮廓线进行补偿，理论上该值应为挤出丝直径的一半。而在实际工艺中，喷丝的形状以及尺寸会受到喷嘴直径、做工精度、材料黏性系数以及材料收缩率等的影响。喷嘴直径也决定了挤出丝的宽度，这会影响成型件的精确度。增材制造过程是按层堆积来构造对象，因此，层厚度的设定也影响成型件的表面粗糙度：使用大直径喷嘴，层厚度就更厚，虽然其打印速度更快，但成型件会比较粗糙；相反，使用小直径喷嘴，虽然增加了打印时间，但成型件更精致。

(2) 分层厚度　分层厚度是指三维模型导入到切片软件进行切片时，每层切片截面的厚度，由于耗材是从很小的喷嘴中挤出，因而有层厚的限制。一般要保证选择的层厚要比喷嘴直径小 20%。在打印过程中，当在某一层上打印另一层材料时，需要确保新的层被挤压到下面那层上，从而两层粘合在一起。当分层厚度较大时，成型件表面会出现明显的阶梯状，从而影响成型件的精度和质量。当分层厚度较小时，成型件表面精度会明显提高，但打印成型件的时间也会增加。

(3) 填充速度和挤出速度　填充速度是指扫描三维模型截面的轮廓速度。挤出速度是指 FDM 型 3D 打印机从喷嘴中挤出熔融态丝材时的速度。在合理的填充速度范围内，随着挤出速度增大，挤出丝的截面宽度逐渐增加。填充速度比挤出速度快，则材料填充不足，容易造成断丝现象，难以成型。若挤出速度比填充速度快，则挤出丝可能会附着在喷嘴的外部圆锥面上，很容易剐蹭到成型件外表面，从而影响成型件表面质量和精度。

(4) 回退速度　回退速度决定了丝材从喷嘴抽离速度的快慢。如果回退太慢，丝材将会从喷嘴中掉出来，从而喷嘴在移动到新位置之前就开始泄露材料。如果回退速度太快，丝材可能与喷嘴中的材料断开，驱动齿轮的快速转动可能刨掉丝材表面部分。一般来说回退速度在 20~100mm/s 的回退效果较好。但是，具体的回退速度需要做试验来确定是否减少了拉丝量。

(5) 喷嘴温度和环境温度的影响　喷嘴温度是指在制造零件时，喷嘴处需要加热到的一定温度；环境温度是指在制造零件的整个过程中周围环境的温度，一般是指工作室的温度。喷嘴温度直接决定了材料的堆积性能、丝材的流量、粘结性能和挤出丝的宽度，应当设置在适当的范围内。喷嘴的温度设置得太高，丝材会变得黏稠，从而更加容易从喷嘴处流出，形成无法精确控制的丝材，在堆积成型时，上一层材料还未冷却，后一层材料已施加在上面，容易导致前一层材料的坍塌。若温度设置得太低，丝材会保持很硬的状态，很难从喷嘴处挤出而导致材料挤出速度变慢，容易造成喷嘴的堵塞。环境温度会影响到成型件的热应力大小，从而影响成型件的表面质量。

4.4 FDM 成型工艺参数优化

熔融沉积成型工艺尺寸误差是确定成型件质量和精度的重要指标，确定尺寸误差就可以确定合理的工艺参数范围，因而实现了尺寸误差的预测对工艺参数的优化，即通过不断调整工艺参数，使得成型件达到较高的精度。在熔融沉积成型过程中，影响成型件精度的工艺参数有很多，是很复杂的，并且呈现非线性。同时，参数之间也会相互影响，并且很难用精确地数学表达式来建立成型件精度与工艺参数之间的关系。为了明确各个工艺参数对成型零件精度的影响，提高 FDM 成型件的精度，本节用遗传算法结合 BP 神经网络实现对 FDM 成型件精度的预测，提出了一种有效的方法来提高 FDM 成型件的尺寸精度。

1. FDM 成型精度影响因素

影响成型零件精度的工艺参数主要有线宽补偿量、分层厚度、填充速度、挤出速度和回退速度。下面主要选取这 5 个工艺参数来研究其对成型件尺寸误差的影响，其水平因子见表 4-4。

表 4-4 工艺参数及其水平因子

工艺参数	符号	水平因子			
		V_1	V_2	V_3	V_4
线宽补偿量/mm	A	0.15	0.2	0.25	0.3
分层厚度/mm	B	0.1	0.15	0.2	0.25
填充速度/(mm/s)	C	30	40	50	60
挤出速度/(mm/s)	D	25	30	35	40
回退速度/(mm/s)	E	30	45	60	75

2. BP 神经网络与遗传算法

人工神经网络（ANN）是一种模仿动物神经网络行为特征，进行分布式并行信息处理的算法数学模型。这种网络依据系统的复杂程度，通过调整内部大量节点之间相互连接的关系，从而达到处理信息的目的，其特色在于信息的分布式存储和并行协同处理。虽然单个神经元构成简单，但大量神经元构成的网络系统所能实现的行为是极丰富的。遗传算法是模拟达尔文的遗传选择和自然淘汰的生物进化过程的计算模型。它的思想源于生物遗传学和适者生存的自然规律，具有"生存+检测"的迭代过程的检索算法。

BP 网络是目前应用最广泛的神经网络模型之一。BP 神经网络算法是在 BP 神经网络现有算法基础上所提出的，它是任意选定的一组权值，并将给定目标输出直接作为线性方程的代数和从而建立线性方程组，解得待求权。

BP 神经网络由输入层、隐含层和输出层组成。BP 神经网络结构中的层与层之间采用全互连方式，同一层之间不存在相互连接，隐含层可以有一层也可以有多层。BP 神经网络的学习过程是由信号前向传递和误差反向传播所组成。在前向传递中，输入信号从输入层经过隐含层逐层进行处理，并传递至输出层，每一层神经元的状态影响下一层神经元的状态。若输入层无法达到期望要求，则转入反向传播，根据所预测的误差反复对神经网络的权值和阈值进行调整，从而使得网络误差达到既定要求。BP 算法程序流程图如图 4-33 所示。

3. 遗传算法实验设计

为了评估 FDM 型 3D 打印机打印模型的尺寸精度，选取标准制件如 H 字件。它不单能够反映由于材料收缩引起的尺寸误差，同时能够反映由于翘曲变形引起的误差。仅需要测量 5 个尺寸，如图 4-34 所示的 a、b、c、d、e。其中，尺寸 a、b 对应打印机 X 轴方向，尺寸 c、d 对应打印机 Y 轴方向，尺寸 e 对应打印机 Z 轴方向。

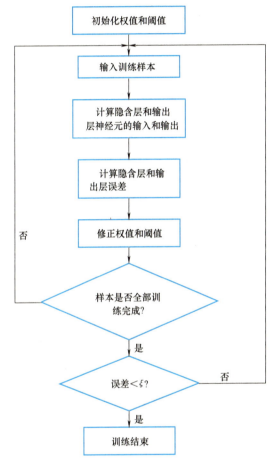

图 4-33 BP 算法程序流程图

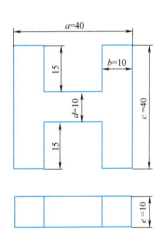

图 4-34 打印 H 字件标准模型

为了确保试验的准确性并且提高试验效率，本文先用正交试验法根据所得的条件，再针对性地做一些详细的试验。然后，对标准件逐一测量得到一组样本。本次试验的试验条件为：使用 Corexy 结构的 DIY 3D 打印机，如图 4-35 所示；标准件为前述的 H 字件。试验材料为 PLA，喷嘴温度为 210℃，热床温度为 50℃，环境温度为 25℃。喷嘴材料为黄铜，直径为 0.4mm。用螺旋测微仪对标准件进行测量，对于每个尺寸的测定，均是间隔一定距离进行 3 次测量，计算 3 次测量的平均值，用测量值减去理论值从而得到每个尺寸的实际误差，即尺寸误差 Δa、Δb、Δc、Δd、Δe。最终得到的试验样本如图 4-36 所示，具体试验数据见表 4-5。本次试验样本总量为 32 组，从样本中随机选择 4、7、11、15、20、31 号作为试验的预测样本，其他的作为试验的训练样本。

图 4-35 Corexy 结构的 DIY 3D 打印机

图 4-36 试验样本

表 4-5 试验数据

序号	参数									
	A /mm	B /mm	C /(mm/s)	D /(mm/s)	E /(mm/s)	Δa /mm	Δb /mm	Δc /mm	Δd /mm	Δe /mm
1	0.15	0.1	30	35	60	-0.433	-0.17	-0.332	-0.158	-0.149
2	0.15	0.1	60	55	30	-0.373	-0.2	-0.412	-0.179	-0.007
3	0.15	0.15	30	45	75	-0.391	-0.138	-0.32	-0.106	-0.007
4	0.15	0.15	60	25	30	-0.365	-0.162	-0.339	-0.185	0.024
5	0.15	0.2	40	35	60	-0.399	-0.145	-0.356	-0.108	-0.021
6	0.15	0.2	50	55	30	-0.376	-0.131	-0.365	-0.126	-0.243
7	0.15	0.25	40	45	75	-0.418	-0.129	-0.374	-0.075	0.083
8	0.15	0.25	50	25	30	-0.38	-0.138	-0.37	-0.124	0.088
9	0.2	0.1	30	25	60	-0.466	-0.189	-0.355	-0.17	-0.013
10	0.2	0.1	60	45	45	-0.455	-0.134	-0.279	-0.083	0.069
11	0.2	0.15	30	55	75	-0.429	-0.119	-0.434	-0.136	0.038
12	0.2	0.15	60	35	30	-0.373	-0.176	-0.349	-0.173	0.092
13	0.2	0.2	40	25	60	-0.434	-0.189	-0.357	-0.169	-0.067
14	0.2	0.2	50	45	45	-0.448	-0.149	-0.37	-0.142	-0.042
15	0.2	0.25	40	55	75	-0.508	-0.127	-0.393	-0.093	0.053
16	0.2	0.25	50	35	30	-0.55	-0.131	-0.427	-0.124	0.053
17	0.25	0.1	40	55	30	-0.746	-0.214	-0.399	-0.277	0.002
18	0.25	0.1	50	35	75	-0.406	-0.22	-0.406	-0.211	0.001
19	0.25	0.15	40	25	45	-0.417	-0.193	-0.381	-0.164	0.043
20	0.25	0.15	50	45	60	-0.46	-0.168	-0.349	-0.105	0.022
21	0.25	0.2	30	55	30	-0.428	-0.167	-0.379	-0.13	0.034
22	0.25	0.2	60	35	75	-0.52	-0.157	-0.398	-0.151	0.053
23	0.25	0.25	30	25	45	-0.43	-0.134	-0.332	-0.089	-0.08
24	0.25	0.25	60	45	60	-0.562	-0.178	-0.459	-0.167	0.221
25	0.3	0.1	40	45	30	-0.444	-0.224	-0.421	-0.224	0.01
26	0.3	0.1	50	25	75	-0.436	-0.189	-0.384	-0.244	-0.079
27	0.3	0.15	40	35	45	-0.423	-0.201	-0.355	-0.155	-0.115
28	0.3	0.15	50	55	60	-0.402	-0.171	-0.373	-0.168	-0.15
29	0.3	0.2	30	45	30	-0.363	-0.15	-0.336	-0.128	-0.109
30	0.3	0.2	60	25	75	-0.449	-0.151	-0.405	-0.145	0.113
31	0.3	0.25	30	35	60	-0.375	-0.141	-0.374	-0.073	-0.202
32	0.3	0.25	60	55	75	-0.676	-0.185	-0.49	-0.179	-0.021

图 4-37 所示为训练后得到的误差曲线，神经网络经过 6 次训练后，应用遗传算法优化 BP 神经网络模型即可达到很高的精度，精度为 3.3902×10^{-11}，满足精度为 1×10^{-5} 的要求，因此可以选用经过 6 次训练得到的最优权值和阈值。

图 4-38 所示为精度预测模型结果，其中黑线代表实际尺寸误差，蓝线代表 BP 神经网络模型预测误差，红线代表 GA-BP 遗传神经网络模型预测误差。图 4-38a 所示为尺寸误差 Δb 的精度预测模型，代表 X 轴方向的尺寸误差分析。图 4-38b 所示为尺寸误差 Δd 的精度预测模型，

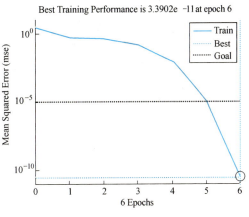

图 4-37 训练后误差曲线

代表 Y 轴方向的尺寸误差分析。图 4-38c 所示为尺寸误差 Δe 的精度预测模型，代表 Z 轴方向的尺寸误差分析。除少数情况下，遗传算法优化的 BP 神经网络预测模型的精度具有相当程度的提高，这说明采用遗传算法优化 BP 神经网络模型是有效且切实可行的。

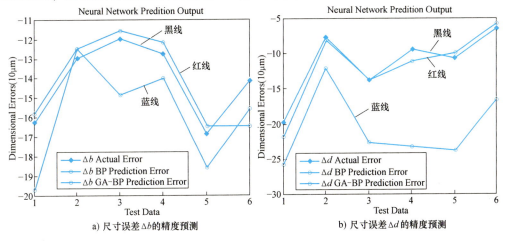

a) 尺寸误差 Δb 的精度预测   b) 尺寸误差 Δd 的精度预测

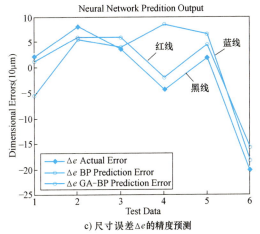

c) 尺寸误差 Δe 的精度预测

图 4-38 精度预测模型结果

遗传算法应用于神经网络之所以能够明显降低神经网络陷入局部最优的可能性，是由于它能单独优化权重和阈值，减少了单纯 BP 神经网络易振荡、不收敛的可能性。总之，GA-BP 遗传神经网络模型以其内在的机制决定了它的各种训练及预测性能，从预测的精度和适应能力方面考虑，它是可靠而又有效的。

图 4-39 所示为 X、Y 和 Z 轴方向的尺寸误差。其中黑线代表的是实际尺寸误差 Δb，代表绝对平均误差为 0.165mm；红线代表的是实际尺寸误差 Δd，代表绝对平均误差为 0.149mm，蓝线代表的是实际尺寸误差 Δe，代表绝对平均误差为 0.072mm。多数情况下，Z 轴方向的尺寸误差小于 X 轴方向和 Y 轴方向的，这和 FDM 成型原理有关，即 FDM 成型过程是一层一层进行堆积的，因此变形主要集中在 X 和 Y 轴方向。同时，Y 轴方向的尺寸误差小于 X 轴方向的尺寸误差，这主要是由于机器在运动过程中，Y 轴方向是双导轨滑行而 X 轴方向是单导轨滑行，如图 4-40 所示。因此，喷头在 Y 轴方向的运动比在 X 轴方向的运动更加平滑，导致 Y 轴方向尺寸误差小于 X 轴方向的。

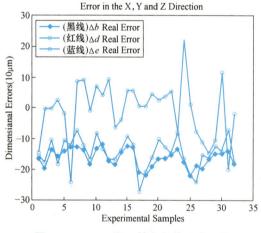

图 4-39　X、Y 和 Z 轴方向的尺寸误差

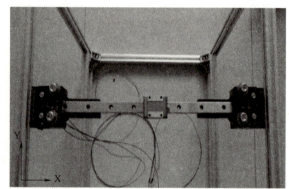

图 4-40　误差分析

习题

1. FDM 成型常用的材料包括哪些？FDM 成型目前主要应用于哪些场合？
2. 何为"生死单元"技术？为何要运用此技术？
3. 基板温度是否对成型尺寸精度有影响？
4. 使用 PLA 和 ABS 材料打印的制件在性能上有什么不同？
5. 何为正交试验？

第5章 光固化成型技术（SLA）仿真分析

5.1 SLA 成型工艺

5.1.1 SLA 成型工艺原理

光固化成型（SLA）工艺，常称为立体光刻成型工艺，是出现最早的增材制造技术，自从 1988 年 3D Systems 公司最早推出 SLA 快速成型机以来，SLA 已成为目前世界上研究最深入、技术最成熟、应用最广泛的一种快速成型工艺方法，它利用光敏树脂在激光照射下快速固化的特点实现三维物体的快速成型。其产品具有诸多优点，如产品质量相对较高、精度普遍较高、成型过程的自动化程度高，以及能够实现比较精细的成型尺寸和平滑的表面效果等。但其缺点也同样明显，如 SLA 增材制造设备对周围环境要求非常严格，需要恒温、恒湿且密闭的空间；经 SLA 系统光固化后未完全被激光固化的部分会残留在原型件内，需要通过二次固化来除去这些未完全被固化的部分，以提高零件的质量和尺寸的稳定性，再次固化后的零件强度较弱。除了受材料的影响，成型过程温度场与应力场分布也对于成型有重大影响。

SLA 成型工艺原理如图 5-1 所示。液槽中盛满液态光敏树脂，氦-镉激光器或氩离子激光器发出的紫外激光束在控制系统的控制下按零件的各分层截面信息在光敏树脂表面进行逐点扫描，使被扫描区域的树脂薄层产生光聚合反应而固化，

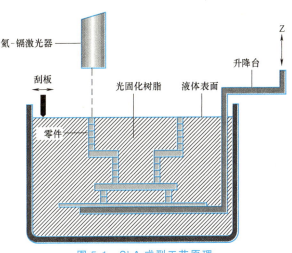

图 5-1 SLA 成型工艺原理

形成零件的一个薄层。一层固化完毕后，工作台下移一个层厚的距离，以使在原先固化好的树脂表面再敷上一层新的液态树脂，刮板将黏度较大的树脂液面刮平，然后进行下一层

的扫描加工，新固化的一层牢固地粘结在前一层上，如此重复直至整个零件成型完毕，得到一个三维实体原型。

因为树脂材料的高黏性，在每层固化之后，液面很难在短时间内迅速流平，这将会影响实体原型的精度。采用刮板刮切后，树脂便会十分均匀地涂敷在上一叠层上，这样经过激光固化后可以得到较好的精度，使成型件表面更加光滑和平整。

5.1.2 SLA 的特点

SLA 的优点如下：

1）成型过程自动化程度高。SLA 系统非常稳定，制作开始后，成型过程可以完全自动化，直至原型制作完成。

2）尺寸精度高。SLA 原型的尺寸精度可以达到 ±0.1mm。

3）优良的表面质量。虽然在每层固化时侧面及曲面可能出现台阶，但上表面仍可得到玻璃状的效果。

4）可以制作结构十分复杂和尺寸精度较高的模型。

5）可以直接制作面向熔模精密铸造的具有中空结构的消失型。

6）制作的原型可以一定程度地替代塑料制件。

SLA 的缺点如下：

1）成型过程中材料会发生物理和化学变化，较脆、易断裂性能尚不如常用的工业塑料，制件易变形。

2）设备运转及维护成本较高。液态树脂材料和激光器的价格较高。

3）使用的材料较少。目前可用的材料主要为感光性的液态树脂材料。

4）液态树脂有气味和毒性，并且需要避光保护，以防止提前发生聚合反应，选择时有局限性。

5）经快速成型系统光固化后的原型树脂并未完全被激光固化，需要二次固化。

5.1.3 SLA 快速原型制作过程

SLA 快速原型的制作一般可以分为前处理、原型制作和后处理三个阶段。

1. 前处理

前处理阶段主要是对原型的 CAD 模型进行数据转换、确定摆放方位、施加支撑和切片分层，实际上是为原型的制作准备数据。

（1）CAD 三维造型　　三维 CAD 模型是快速原型制作所需的原始数据源，可以在 NX UG、Creo、CATIA 等大型 CAD 软件以及许多小型 CAD 软件上实现。

（2）数据转换　　数据转换是对产品 CAD 模型的近似处理，主要是生成 STL 格式的数据文件。通用的三维 CAD 设计软件都有 STL 数据的输出功能。

（3）确定摆放方位　　摆放方位的处理是十分重要的，不但影响制作时间和效率，更影响后续支撑的施加以及原型的表面质量等。因此，摆放方位的确定需要综合考虑上述各种因素。一般情况下，可选择尺寸最小的方向作为叠层方向。

（4）施加支撑　　施加支撑是光固化快速原型制作前处理阶段的重要工作。对于结构复杂的数据模型，支撑的施加是费时而精细的。支撑施加的好坏直接影响着原型制作的成功与否及制作的质量。施加支撑可以手工进行,也可以通过软件自动实现。

2. 原型制作

光固化成型过程是在专用的光固化快速成型设备中进行的。在原型制作前,需要提前启动光固化快速成型设备系统,使得树脂材料的温度达到预设的合理温度,激光器点燃后也需要一定的稳定时间。设备运转正常后,启动原型制作控制软件,读入前处理生成的层片数据文件。

3. 后处理

在快速成型系统中的原型叠层制作完毕后,需要进行剥离等后续处理工作,以便去除废料和支撑结构等。对于光固化成型的原型,还需要进行后固化处理等。

5.2 SLA 成型工艺仿真模拟

5.2.1 模型理论基础

1. 材料参数

SLA 成型用的光敏树脂大致分为以下三代:

1) 初期用于 SLA 的感光性树脂主要有丙烯酸酯和聚氨酯丙烯酸酯等,起感光聚合作用并添加了自由基型激光诱发剂。如果发生反应,双键断开从而形成共价键。这种类型的光敏树脂具有价格便宜、固化速度快等优点。不过,固化过程中表面会出现有氧凝集现象,收缩大,材料有显著的弯曲变形,制作精度不高。可用填充剂填充丙烯树脂,使其收缩性大幅度改善,并提高了机械性能,但树脂整体的粘着性增加,操作性降低,韧性随之降低。

2) 第二代市场化的光固化产品其基体大多采用环氧树脂或乙烯基醚,其优势在于感光固化收缩率低、产品成型精度高,并且不易发生歪斜和变形。

3) 第三代光固化产品伴随着光固化能源技术 SL 技术的发展,其制造的零件具有特殊的功能,如优秀的光学性能、机械性能等,对应的 SL 成型设备所制做的产品可以直接作为零部件使用。

自由基固化树脂是最初用于光固化成型技术的光聚合材料,径向硬化系统接受光诱发剂和直射紫外光生成自由基,并于此基础上产生聚合效应。基于这一效应自由硬化基具有更快的反应速度和更高的回收率。不过,阳离子固化系统受制于光诱发剂照射后发生的反应,易发生硬化速度慢的情况。自由基光敏树脂具有感光性强的优点,但使用中常暴露出制件的精度差等问题,有一定的使用障碍。

阳离子型感光性树脂可以作为一种基本的聚合物在印刷技术中使用,并发挥其最大的作用。目前,阳离子型预聚物在市面上主要以环氧树脂为主。环氧树脂是一种优良的材料,其优势主要在于材料价格便宜,力学性能优。另外,由于其自身具有较大的黏度,会对整个光固化速度产生一定程度的影响,需要具有较大黏度的阳离子与其他较为活泼的低黏度环氧化物进行混合,以此来进一步提升材料的固化率。

混合光固化系统综合了自由基和阳离子光固化系统的优点。基于混合光固化系统的光敏树脂具有广阔的应用前景。这种类型树脂的粘流性能良好、粘着力和力学性能强,因此可以作为物理和化学性能皆优的互穿孔网络结构的高分子材料。目前市面上的光敏材料大多使用的是这种类型树脂。

本节案例使用第二代市场化的光敏树脂作为仿真模型材料，对模型施加载荷，其材料参数如下：密度为1.14g/cm³；导热系数为0.2256W/(m·℃)；比热容为1386J/(kg·K)；弹性模量为2090MPa；弯曲模量为2225MPa；泊松比为0.41；屈服强度为53.5MPa。

2. 热源选择

在各种热源模型中，以下几种热源模型较符合光固化成型技术的模型：

（1）**双椭球功率密度分布热源模型** 图5-2所示为双椭球功率密度分布图。由于热源具有一定移动速度，因此热源中心前面的功率密度梯度较大，而热源中心后面的功率密度梯度较小。根据这一特征，双椭球功率密度分布热源模型把热源拆分为两部分，由两个1/4椭球功率密度分布热源按比例组合而成，热源中心前面的椭球长半轴比热源中心后面的椭球长半轴短，宽半轴及高半轴相同。双椭球功率密度分布热源如图所示。

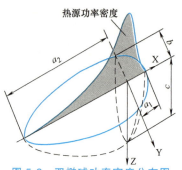

图5-2 双椭球功率密度分布图
a_1—前1/4椭球长半轴
a_2—后1/4椭球长半轴

双椭球功率密度分布热源模型很好地模拟了光斑直径较大且斜向照射时的热力学模型，而光固化成型技术用到的光源光斑直径只有1mm且通常垂直照射在材料上，故此模型不适合本次仿真。

（2）**半球状热源模型** 半球状热源模型针对高能束焊接方法如激光、电子束焊等。这里的激光是能量密度很高的激光束，与光固化成型技术所用的紫外线激光有所不同，由于高能激光具有高的熔透性，所以提出了用半球状的热源来模拟能够很好地解决高能束穿透性。该模型强调光源的穿透性，而光固化成型技术所用的激光功率小、不具有很强的穿透性，其作用主要是激化光敏树脂中的感光成分，使其凝固成固态。因此该模型不符合本次仿真的需求。

（3）**组合热源模型** 使用单一体热源时，由于考虑了生热过渡形成的内热源形式，所以模拟的热力学模型与实际较吻合，但是在物体表面附近的边沿部分仍无法模拟。使用面热源和体热源两种类型热源相结合的热力学模型具有更高的精度，使用组合热源模型模拟的熔池形状与实际基本吻合。将总的输入功率按一定比例分配，此时总热流等于表面热流与体积热流两者之和。

在组合热源中，表面热源一般取高斯型热流分布面热源，而体热源一般取峰值热流沿深度衰减的高斯柱体热源。面热源与体热源的总功率之和与光固化的有效功率相等。

这种热源在材料表面加载热载荷的同时在材料内部也加载了一个热载荷，适合模拟高温熔断、钢材剪裁等过程。光固化成型技术的热源功率小，照射在光敏树脂上不会直接对下方材料产生影响，故此方案也不合适。

（4）**高斯函数分布热源** 平面高斯热源是一种比集中热源更逼近真实热源温度场分布的热源分布函数。温度在等直径的圆范围内，中心高、外缘低。可理解为在等直径的圆范围内，温度的高低是按照高斯曲线分布的。高斯分布的热源模型是在激光加工数值模拟中应用的最多的一种热源。平面高斯热源是将激光热源能量按照高斯函数分布在一定半径的圆内，解析式为

$$q(r) = \frac{3\eta P}{\pi R^2}\exp\left(-\frac{3r^2}{R^2}\right) \tag{5-1}$$

式中，R 为光源有效加热半径；r 为材料上任意点至光源加热斑点中心的距离；η 为热效率；P 为激光功率。

3. 网格划分

ANSYS 中网格划分有以下几种：

（1）自由网格划分　自由网格划分是所有网格划分方法中自动化程度最高的，在表面（平面、曲面）自动生成三角形或四边形网格，在立体三维模型上自动生成四面体网格。一般情况下，利用 ANSYS 的智能尺寸控制技术，自动控制网格的大小和密度分布就能够满足需求。若有特殊要求，还可以人工地设定网格的大小，控制密度分布，选择网络分割算法。对于复杂的几何模型，这个网格划分法省时省力，缺点是单元数一般较大，计算量巨大，计算效率降低。

（2）映射网格划分　映射网格划分是对标准化模型的一种规则化网格的划分方法。用于四边形的表面，网格的划分数需要对边保持一致，形成的单元全部是四边形；用于六面体，网格的划分数对应线和面保持一致，形成的单元全部为六面体。在 ANSYS 中这些条件包括：

1）表面拓展到可以是三角形、四边形或任何其他多边形。对于四边以上的多边形，必须用 LCCAT 命令将某些边连成一条边，以使得网格划分的仍然是三角形或四边形；或者用 AMAP 命令定义 3 到 4 个顶点来进行映射划分。

2）面上对边的网格划分数可以不同，但有一些限制条件。

3）面上可以形成全三角形的映射网格。

4）体可以是四面体、五面体、六面体或其他任意多面体。对于六面以上的多面体，必须用 ACCAT 命令将某些面连成一个面，以使得网格划分的仍然是四面体、五面体或六面体。

5）体上对应线和面的网格的划分数可以不同，但有一些限制条件。

对于复杂的三维几何模型，一般利用 ANSYS 布尔运算功能将其划分为一系列的四面体、五面体或六面体，将这些被切断的部分分割为映射网格。但这种纯粹的映射区分很复杂，需要很多的时间和精力。表面的三角形映射网格的分割可以划分体的自由网格，以使体的自由网格划分满足三维模型自由网格分割的某些特定要求。例如：三维模型有的细长表面的短边方向必须有一定层数的单元；一定位置的节点必须在同一条直线上等。在分割这种网格之前，先在它的表面进行网格分割的方式可以很好地控制多种复杂模型，但体网格划分完毕后清除面网格的工作量有时会很大。

（3）拖拉、扫略网格划分　通过拖拉、旋转、偏移等产生的复杂三维实体，首先可以在原三维实体模型表面生成壳形的面网格，在生成体的同时自动形成三维实体网格；而对于已经形成的复杂三维实体，如果某个方向的拓扑形式在中间没有变更或断开，则可以通过扫描网格划分的方式来执行 VSWEEP 命令，用这种方式可以进一步拆分网格。这两种方法形成的单元几乎都是六面体单元。通常，采用扫略方式形成网格是非常好的方法，对于复杂的几何实体，经过一些简单的分割处理，自动形成规则的六面体网格，比映射网格划分方式具有更多的优点和灵活性。

（4）混合网格划分　混合网格的划分是指在三维实体模型中根据各部位的特征分别采用上述的自由、映射、扫略等多种网格分割方式，形成综合效果尽可能好的有限元模型。混合网格划分方式需要综合考虑计算精度、计算时间、建模工作量等各种因素。通常，为了提高计算精度的同时减少计算量和计算时间，首先必须考虑将六面体网格分割成适于扫略和映射网格的分割区域。这个网格可以是线性的（无中节点），也可以是二次的（有中节点）。如果没有合适的区域，则尽可能通过如剪切之类的多个布尔运算单元来创建适当的区域，由于都是线性单元，单元的协调性可以得到保证。

对于模型过于复杂的情况，混合网格划分的方式通常比单一方式划分更准确，能有效减少计算量。

4. 完全牛顿—拉普森方法

仿真过程全程使用完全牛顿—拉普森方法，在该处理方法中，每次进行平衡重复迭代时，都要修改一次内部刚性矩阵。当自适应下降为打开（可选）时，只要迭代运算维持稳定（即残余项减少并且没有负主对角线出现），程序只会使用正切刚性矩阵。在一次重复中检测到散发倾向的情况下，程序丢弃散发的迭代运算，开始新的解法，应用正切和正切刚性矩阵的加权组合。当重复返回到收敛模式时，程序重新开始使用正常的正切刚性矩阵。对复杂非线性问题的适应下降通常会提高程序的收敛能力。在不确定的过程中，材料的某个刚性矩阵是否发生了变化，完全牛顿—拉普森方法可很好地解决这一问题。每次迭代都会修改一次刚性矩阵，较好地保持了材料自身的强度特性。

5.2.2 施加载荷及约束

根据材料属性对 SOLID70 施加约束，数据见表 5-1。

表 5-1 材料物理性能参数

物理量（单位）	参　数
密度/(g/cm^3)	1.14
导热系数/[W/(m·℃)]	0.2256
比热容/[J/(kg·K)]	1386
弹性模量/MPa	2090
弯曲模量/MPa	2225
泊松比	0.41
屈服强度/MPa	53.5

传热计算必须输入的三个参数为密度、比热容和导热系数。热应力计算必须输入的三个参数为弹性模量、泊松比和热膨胀系数。各个参数随温度呈现非线性变化。

命令流如下：

```
!**************定义热分析物理参数*****************
mptemp,1,20,100,200,300,400,500           !定义材料温度区间(℃)
mpdata,dens,1,1,7.874,7.874,7.874,7.874,7.874,7.874   !定义材料密度
mpdata,kxx,1,1,48,50,55,70,90,120         !导热系数
mpdata,c,1,1,490e-3,502e-3,520e-3,548e-3,580e-3,620e-3   !比热容
!*****************定义应力分析参数*****************
mpdata,ex,1,1,209e9,207e9,202e9,196e9,186e9,176e9   !定义弹性模量
tb,bkin,1,6                               !定义屈服强度和切变模量
```

```
tbtemp,20,1
tbdata,1,345e6,134e6
tbtemp,100,2
tbdata,1,315e6,122e6
tbtemp,200,3
tbdata,1,275e6,107e6
tbtemp,300,4
tbdata,1,224e6,87e6
tbtemp,400,5
tbdata,1,172e6,67e6
tbtemp,500,6
tbdata,1,100e6,39e6
mpdata,alpx,1,1,11.59e-6,11.59e-6,12.32e-6,13.09e-6,13.71e-6,13.75e-6
!定义热膨胀系数
mpdata,prxy,1,1,0.29,0.29,0.29,0.29,0.29,0.29          !定义泊松比
```

温度条件已知,以温度自由度直接加载在模型节点上。环境温度设置为25℃。ANSYS默认模型的边界条件全部为绝热、无约束、无对称。稳态分析时间设置极短,目的是为了后续的瞬态分析。进行稳态分析命令流如下:

```
!*******************稳态分析*****************
timint,off          !关闭瞬态效果
alls
ic,all,temp,25      !设置环境温度
alls
nsel,s,ext
sf,all,conv,12e-3,25
time,1e-5
deltim,1e-5,1e-5,1e-5    !设置止步时间
kbc,1
allsel,all
solve
eplot
```

由于激光的热量十分集中,材料内部热影响区域与整体模型相比极小,这里只考虑热载荷作用区域附近表面的对流换热。由于在ANSYS平台中对流换热载荷与热流密度载荷相互冲突,二者无法同时加载于同一面区域,所以需要同时在上表面无热流密度加载的区域施加对流换热载荷进行循环求解。

5.2.3 仿真案例

1. 仿真过程

为了更好地预测光固化成型件的性能,将复杂的零件简化为长、宽均为10mm、壁厚为

5mm 的盒体，以方便研究路径上的温度场与应力场的分布。本例选择扫描速度、光源功率为主要工艺参数，将其作为变量参数研究，其他如扫描路径、光斑直径等参数或对成型影响较小的此处不再赘述。扫描速度一般为 1000~2000mm/s，本例选择 1200mm/s 和 2000mm/s。光源功率一般为 200~500MW，本例选择 300~400MW。命令流如下：

```
! * * * * * * * *建立模型* * * * * * * * * * * *
block,0,100,0,5,10,20
block,0,100,95,100,10,20
block,0,5,0,100,10,20
block,95,100,0,100,10,20
block,0,100,0,100,0,10
vovlap,all
vglue,all
dd=2.5! * * * *剖分细度* * * * *
```

建立模型如图 5-3 所示。

选择双椭球体热源加 3D 高斯锥形热源的组合体热源模式，热源模型比较复杂，包含点、线、锥形和高斯状等，其在不同情况下的生热模式各不相同，为了更好地模拟实际情况下的温度变化，选择这种组合体热源模式也是合适的。本例在仿真过程中光源呈现形式比较简单，即一束激光垂直照射在材料表面，其辐射的热量符合高斯热源的分布规律。由于材料薄、热源移动速度快的特点选择移动高斯热源，其模型与本例中需要的仿真模型相似度极高，同样是近似符合高斯热源分布的激光束照射在刚性材料上，具有

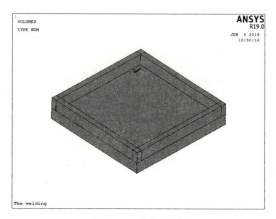

图 5-3　建立模型

光源模式简单和光源移动速度较快的特点，对本例中的光源选择提供了有力参考。基于以上考虑本例选择高斯热源来模拟小功率、低穿透性激光的热力学模型。

本例以模型尽量简单且突出结构特点为原则，尽可能简化模型，因此选择自由网格划分，打印区域划分为更细的网格，而下层影响较小的区域划分为较大的网格，过渡区域选择自动划分，命令流如下：

```
! * * * * * * * * * * * * *划分网格* * * * * * * * * * * * *
vsel,s,volu,,14
vsel,inve
esize,dd
type,1
mat,1
vmesh,all
vsel,s,volu,,14
```

```
mshkey,0
mshape,1
esize,5
vmesh,all
```

划分完成的网格如图 5-4 所示。

光固化成型技术模拟是按打印层激光行进路线逐步激活光敏树脂单元,利用 ANSYS 中的生死单元功能来实现。光敏树脂由激光光斑连续激活,可将树脂材料看作为不断沉积的六面体单元,依据不同的扫描速度,按激光行进路线逐步激活光敏树脂单元,并在已打印的模型上施加对应的热荷载,为了更好地模拟光敏树脂的特性,忽略其凝固过程的体积收缩(高质量的光敏树脂体积收缩率低于 2%,一般不超过 6%)以及其凝固时间,视作激光扫过区域立即出现光敏树脂材料并参与热力学过程。模型中每个单元的初始温度是室温,在其被激活后与空气进行热对流,当该层打印完毕进行下一层打印时,该层的对流边界条件删除,并将对流边界条件施加在新激活的打印层上。

图 5-5 所示为"杀死"未打印的光敏树脂单元。

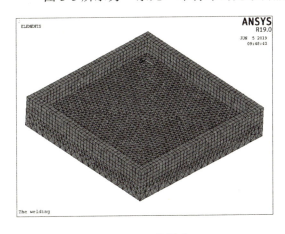
图 5-4 网格划分

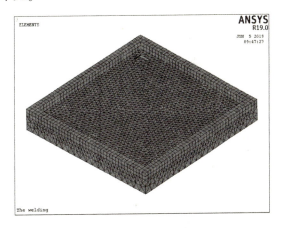
图 5-5 "杀死"未打印的光敏树脂单元

激光扫描路径采用直线方式由外到内进行扫描。

激光扫描的传热过程中,材料表面主要存在的热载荷为热流密度载荷。根据光固化成型技术的工艺方案,本例采用直径为 1mm 的圆形光斑扫描材料上表面,光斑区域内的激光能量密度呈高斯分布。因此,选择高斯热源来模拟小功率、低穿透性激光的热力学模型。

2. 仿真结果

(1) 温度场分布 图 5-6 所示为第一道激光扫描过后温度场的分布情况,图中灰色区域为之前杀死尚未激活的光敏树脂单元,可见激光扫描过程中材料温度先急剧上升,再通过对流换热逐步降低。第一层打印路径上的点一共会被激光照射区域影响四次,四次照射都会使其经过一个升温再降温的过程,其温度曲线如图 5-7 所示。其温度在激光照射到该位置时快速上升,几乎呈直线上升,在极短时间内到达最高温度后温度呈线性下降。

仿真全程一共 320 步,分别观察各个步骤模型材料表面的温度场分布情况。

1) 第 36 步时模型材料表面的温度场分布情况如图 5-8 所示。

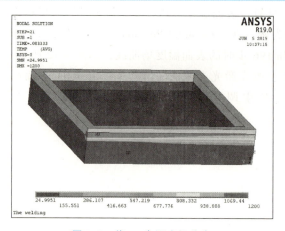

图 5-6　前 20 步温度场分布

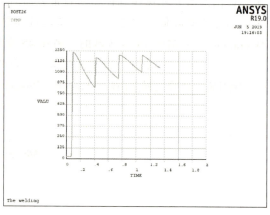

图 5-7　模型材料上某点温度变化曲线

2) 第 116 步时模型材料表面的温度场分布情况如图 5-9 所示。

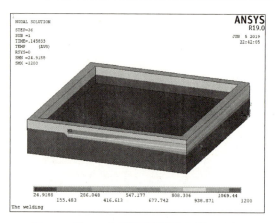

图 5-8　第 36 步时模型材料表面的温度场

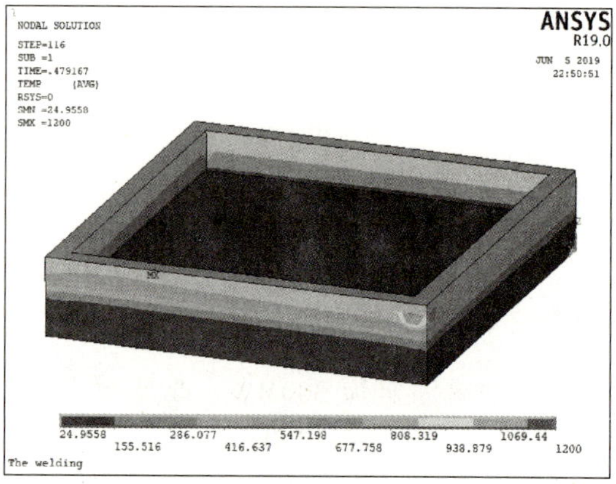

图 5-9　第 116 步时模型材料表面的温度场

3) 第 196 步时模型材料表面的温度场分布情况如图 5-10 所示。

4) 第 276 步时模型材料表面的温度场分布情况如图 5-11 所示。

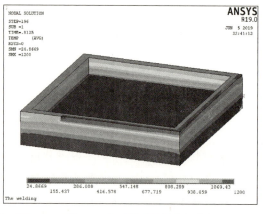

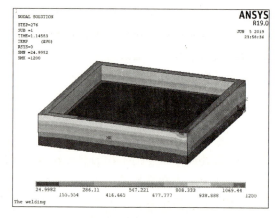

图 5-10　第 196 步时模型材料表面的温度场

图 5-11　第 276 步时模型材料表面的温度场

由图 5-8~图 5-11 可以看出，当扫描速度为 1200mm/s，激光功率为 300MW 时，激光热

第5章 光固化成型技术（SLA）仿真分析

源辐射出的激光光斑照到模型材料带表面后，材料带表面温度迅速升高，加热过后，材料带表面温度逐渐降低。以 22 步~36 步区域加热为例，在［Gerneral Postproc］栏中选择［Path Operations］来调取 14 步区域的材料在 45 步和 196 步时的表面温度场曲线，如图 5-12 所示。

改变部分工艺参数之后再进行仿真。首先，改变激光光源的输出功率，由 300MW 提高到 400MW。计算完成后在［Timehist Postpro］栏中调取温度随时间变化曲线，如图 5-13 所示。

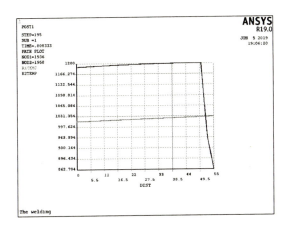

图 5-12　14 步区域的材料在 45 步和 196 步时的表面温度场曲线

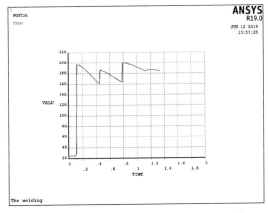

图 5-13　光源的输出功率为 400MW 时表面某点的温度变化曲线

将功率固定为 300MW，改变激光束扫描速度，由 1200mm/s 提高到 2000mm/s，再进行一次仿真计算，计算完成后在［Timehist Postpro］栏中调取温度随时间变化曲线，如图 5-14 所示。

可以看出在成型过程中，材料表面的温度与激光扫描的速度有关，还和激光器加热功率有关。通过有限元仿真分析加热过程得出规律为激光光源功率越高，材料表面温度越高；扫描速度越快，材料表面温度越低。

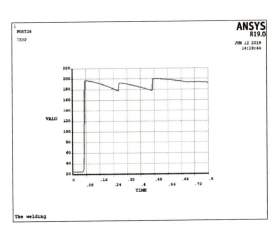

图 5-14　扫描速度 2000mm/s 时表面某点的温度变化曲线

（2）应力场分布　由于打印时激光束照射处局部集中的不均匀热的输入，导致光敏树脂材料凝固过程中应力不断变化以及凝固过后残余应力和变形的产生。针对光固化成型工艺，在打印过程中温度场模拟的基础上进行应力—应变场的有限元分析计算。抽取了 320 步的计算结果，截取了应力分布云图，如图 5-15 和图 5-16 所示。图中模型四壁上表面应变最大，同时有较大残余应力；四壁由下层到上层应变越来越大；而四壁上的残余应力略小于底座上的残余应力。

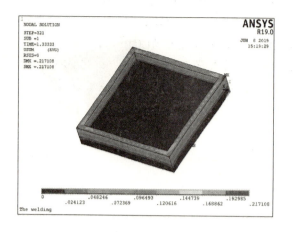

图 5-15　第 320 步合位移等值线图

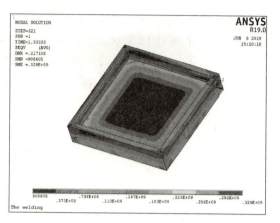

图 5-16　第 320 步应力场等值线图

在 ANSYS 主界面［Timehist Postpro］栏中调取应力随时间变化曲线，如图 5-17 所示。激光束照射到该点之前没有应力产生，激光束照射时树脂材料先受热膨胀产生负向压应力，然后由于材料开始冷却并收缩，从而产生正向拉应力，最大时达到 10MPa；随着树脂材料凝固与冷却，应力逐渐减小，直到激光束第二次扫过该点附近。激光第二次扫过该点时树脂材料受热膨胀，拉应力随即减小，之后随着材料冷却拉应力再次增大。如此随着激光束扫过 4 次，应力也随之变化 4 次。最后，在第 320 步时拉应力大小约为 20MPa。

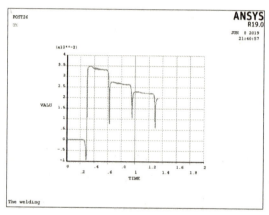

图 5-17　模型材料上某点应力随时间变化曲线

1）合位移等值线图分析。在 ANSYS 主界面［Gerneral Postproc］栏中调取不同时刻材料合位移等值线图，如图 5-18～图 5-21 所示。材料应变由上层逐渐影响到下层，发生较大应变的区域主要集中在模型四壁外围边沿。结合仿真步骤，激光束附近应变较大，扫描过后应变逐渐减小。激光束扫过棱角处时会产生较四条棱边更大的应变。结合图 5-15 进行分析，四壁的应变最后都会集中到四条棱边附近。

2）应力场等值线图分析。在 ANSYS 主界面［Gerneral Postproc］栏中调取不同时刻材料应力场等值线图，如图 5-22～图 5-25 所示。打印过程的热应力也是瞬态变化的，应力由上层逐渐传递至底座，扫描第一层时的激光光斑附近应力比较集中；打印第二层时应力效果不明显。应力主要集中在模型四壁与底座交界处，内侧四个角处也有明显的应力集中，最大值达到 32MPa。

此时更改激光束功率，将功率提高到 400MW，在 ANSYS 主界面［Timehist Postpro］栏中调取此时的应变随时间变化曲线，如图 5-26 所示。

第5章 光固化成型技术（SLA）仿真分析

图 5-18　第 36 步时的合位移等值线图

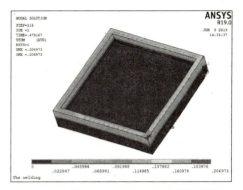

图 5-19　第 116 步时的合位移等值线图

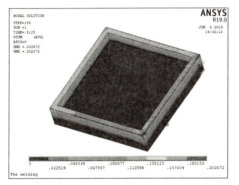

图 5-20　第 196 步时的合位移等值线图

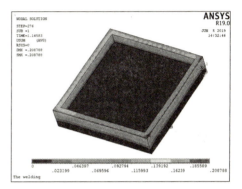

图 5-21　第 276 步时的合位移等值线图

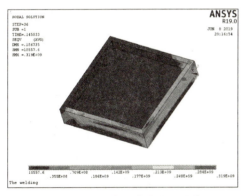

图 5-22　第 36 步时的应力场分步图

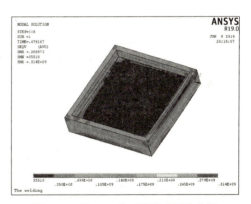

图 5-23　第 116 步时的应力场分步图

如果选择同一个点观察，其曲线图将会有很大一部分重合，难以比较其峰值大小。为方便观察，选择记录同一道打印轨迹上距离很近的两个点，使其曲线走势形成大约 0.05s 的相位差。淡蓝色曲线为功率加大后的曲线，其材料膨胀形成的压应力明显大于功率较小时。如果仿真继续进行，按照趋势其残余应力会趋于稳定，而最后其内部残余应力在功率大时反而变小。

接下来将功率固定在 300MW，提高扫描速度，调取不同扫描速度时的应变随时间变化曲线，如图 5-27 所示。改变扫描速度后内部残余应力变化较小，残余应力仅在最后扫描速度较快时略大于扫描速度较小时。

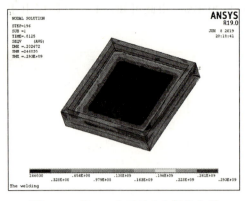 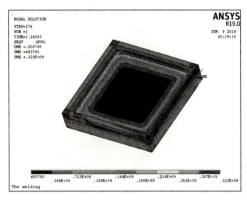

图 5-24　第 196 步时的应力场分步图　　　　图 5-25　第 276 步时的应力场分步图

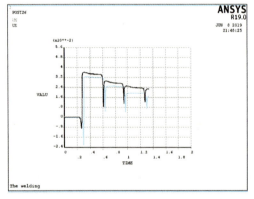 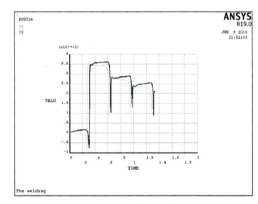

图 5-26　功率 400MW 时应变随时间变化曲线图　　图 5-27　不同扫描速度时应变随时间变化曲线图

由此可见，工件内部残余应力大小与激光束功率和扫描速度有关，激光束功率越大，内部残余应力越小；扫描速度越大，内部残余应力越大。激光束功率变化对零件内部残余应力影响较大。

3）打印层间影响分析。删去命令流中激活生死单元的语句，使其只进行前 160 步，计算完成后，在 ANSYS 主界面［Gerneral Postproc］栏中调取单层打印的应力场分布图，如图 5-28 所示。其残余应力主要集中在四壁靠近表层的位置，打印层则残余应力相对较小。拐角相比四壁更容易积累残余应力。应力逐渐由表层传递到了底座，底座之前几乎没有应力分布（大部分都是蓝色），之后受到了上层传递下来的应力而留有大量的残余应力，仅底座最中间的部分尚未受到影响。

在 ANSYS 主界面［Gerneral Postproc］栏中调取单层打印材料上某点的应力变化曲线图，如图 5-29 所示。

在单层打印的两个周期以后，受下一打印层的影响，会多出两个应力变化循环，单个打印层应力变化两次以后便趋于稳定，很明显下一打印层会对已打印好的上一层产生影响。

由于打印层相当的薄，上一打印层在凝固之后依然会受到打印下一层的激光束的影响，即被再次扫过的激光束加热。因此，上一打印层在经历本层的两次加热以后，又被加热了两次。后两次加热产生的残余应力的峰值较之前减弱了。单层打印的残余应力最终趋向于

16MPa，而受到下一打印层影响后，残余应力值趋向于20MPa。由此可知，上一打印层由于受下一打印层影响，其残余应力值有所增大。

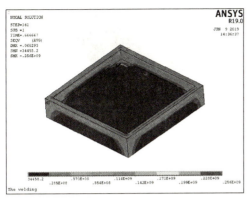

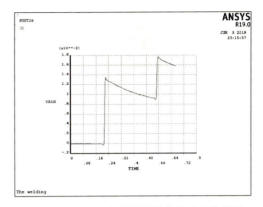

图 5-28　单层打印应力场分布图　　　　　图 5-29　单层打印材料上某点应力变化曲线

即使增大打印层的厚度，先前打印层也会受到之后打印层的影响，并且由于加大了层厚，单位长度上产生的残余应力增多，会造成总体残余应力偏大。

5.3　SLA成型误差分析

1. 光敏树脂材料收缩变形

光敏树脂材料在固化过程中都会发生收缩，通常其体收缩率约为10%，线收缩率约为3%。从分子学角度讲，光敏树脂的固化过程是从短的小分子体向长链大分子聚合体转变的过程，其分子结构发生很大变化，因此，固化过程中的收缩是必然的。

光敏树脂材料收缩主要由两部分组成，一部分是固化收缩，另一部分是当激光束扫描到液体树脂表面时由于温度变化引起的热胀冷缩，常用树脂的热膨胀系数为 1×10^{-4} 左右。同时，温度升高的区域面积很小，因此温度变化引起的收缩量极小，可以忽略不计。而后固化时收缩产生的变形，后固化收缩量占总收缩量的25%~40%。

2. 成型精度

SLA成型精度一直是增材制造设备研制和用户制作原型过程中密切关注的问题。控制原型的翘曲变形和提高原型的尺寸精度及表面精度一直是研究领域的核心问题之一。原型的精度一般包括形状精度、尺寸精度和表面精度，即光固化成型件在形状、尺寸和表面质量三个方面与设计要求的符合程度。形状误差主要有翘曲、扭曲变形、椭圆度误差及局部缺陷等；尺寸误差是指成型件与CAD模型相比，在X、Y、Z三个方向上的尺寸极限偏差值；表面精度主要包括由叠层累加产生的台阶误差及表面粗糙度等。

影响SLA成型精度的因素有很多，包括成型前和成型过程中的数据处理、成型过程中光敏树脂的固化收缩、光学系统及激光扫描方式等。按照成型工艺过程，可以将产生成型误差的因素按图5-30所示进行分类。

3. 几何数据处理造成的误差

在成型过程开始前，必须对实体的三维CAD模型进行STL格式化及切片分层处理，以便得到加工所需的一系列截面轮廓信息，但在进行数据处理时会带来误差，采取措施如下：

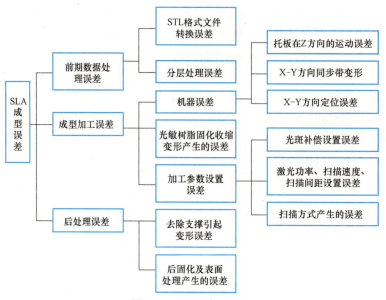

图 5-30　SLA 成型误差

(1) **直接切片**　为减小几何数据处理造成的误差，较好的办法是采用能对 CAD 实体模型进行直接分层的软件，如 Creo 具有直接分层的功能，如图 5-31 所示。

(2) **自适应分层**　切层的厚度直接影响成型件的表面质量。因此，必须仔细选择切层厚度，用不同算法对自适应分层方法进行探索，即在分层方向上根据零件轮廓的表面形状，自动地改变分层厚度，以满足零件表面精度的要求。当零件表面倾斜度较大时，选取较小的分层厚度，以提高原型的成型精度；反之则选取较大的分层厚度，以提高加工效率。

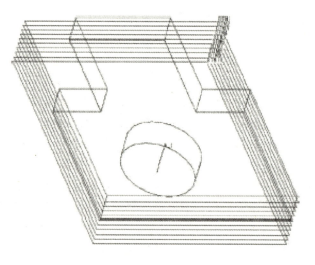

图 5-31　采用 Creo 直接分层

4. 成型过程中材料的固化收缩引起的翘曲变形

光固化成型工艺中，液态光敏树脂在固化过程中都会发生收缩，收缩会在工件内产生内应力，并且沿层厚从正在固化的层表面向下，随固化程度不同，层内应力呈梯度分布。在层与层之间，新固化层收缩时要受到层间粘合力限制。层内应力和层间应力的合力作用致使工件产生翘曲变形。对此可以对成型工艺和树脂配方进行改进。

5. 树脂涂层厚度对精度的影响

在成型过程中要保证每一层铺涂的树脂厚度一致，当聚合深度小于层厚时，层与层之间将粘合不好，甚至会发生分层；如果聚合深度大于层厚时，将引起过度固化而产生较大的残余应力，引起翘曲变形，影响成型精度。在扫描面积相等的条件下，固化层越厚，则固化的体积越大，层间产生的应力就越大，因此为了减小层间应力，应该尽可能地减小单层固化深度，以减小固化体积。可以采用二次曝光法减少固化深度的影响，即多次反复曝光后的固化深度与以多次曝光量之和进行一次曝光的固化深度是等效的。

6. 光学系统对成型精度的影响

在光固化成型过程中，成型用的光点是一个具有一定直径的光斑，因此实际得到的制件是光斑运行路径上一系列固化点的包络线形状。如果光斑直径过大，有时会丢失较小尺寸零件的细微特征，如在进行轮廓拐角扫描时，拐角特征很难成型出来。聚焦到液面的光斑直径大小以及光斑形状会直接影响加工分辨率和成型精度。采取措施如下：

（1）光路校正　在SLA系统中，扫描器件采用双振镜模块，设置在激光束的汇聚光路中，由于双振镜在光路中前后布置的结构特点，造成扫描轨迹在X轴方向的枕形畸变，当扫描一方形图形时，扫描轨迹并非一个标准的方形，而是出现枕形畸变。枕形畸变可以通过软件进行校正。

（2）光斑校正　双振镜扫描的另一个缺陷是光斑扫描轨迹构成的像场是球面，与工作面不重合，产生聚焦误差或Z轴误差。聚焦误差可以通过动态聚焦模块得到校正，动态聚焦模块可在振镜扫描过程中同步改变模块焦距，调整焦距位置，实现Z轴方向扫描，与双振镜构成一个三维扫描系统。聚焦误差也可以用透镜前扫描和聚焦透镜进行校正，扫描器位于透镜之前，激光束扫描后射在聚焦透镜的不同部位，并在其聚焦平面上形成直线轨迹与工作平面重合。这样可以保证激光聚焦焦点在光敏树脂液面上，使到达光敏树脂液面的激光光斑直径变小，且光斑大小不变。

7. 激光扫描方式对成型精度的影响

扫描方式与成型件的内应力有密切关系，合适的扫描方式可减少成型件的收缩量，避免翘曲和扭曲变形，提高成型精度。

SLA工艺成型时多采用方向平行路径进行实体填充，即每一段填充路径均互相平行，在边界线内往复扫描进行填充，也称为Z字形或光栅式扫描方式，如图5-32所示。但在扫描一行的过程中，扫描线经过型腔时，扫描器以跨越速度快速跨过。这种扫描方式，需频繁跨越型腔部分，一方面空行程太多，会出现严重的拉丝现象（空行程中树脂感光固化成丝状）；另一方面扫描系统频繁地在填充速度和快进速度之间变换，会产生严重的振动和噪声，激光器要频繁进行开关切换，降低了加工效率。

图5-32b中采用分区域往复扫描方式，在各个区域内采用连贯的Z字形扫描方式，激光器扫描至边界即折回反向填充同一区域，并不跨越型腔部分；只有从一个区域转移到另外一个区域时，才快速跨越。这种扫描方式可以省去激光开关，提高成型效率，并且由于采用分区后分散了收缩应力，减小了材料收缩变形，提高了成型精度。

光栅式扫描又可分为长光栅式扫描和短光栅式扫描。采用长光栅式扫描相比短光栅式扫描更能减小扭曲变形。采用跳跃光栅式扫描方式能有效地提高成型精度，因为跳跃光栅式扫描方式可以使已固化区域有更多的冷却时间，从而减小了热应力。

在对平板类零件进行扫描时易采用螺旋式扫描方式，且从外向内的扫描方式比从内向外的扫描方式生产的零件精度高。

8. 光斑直径大小对成型尺寸的影响

在光固化成型中，圆形光斑有一定直径，固化的线宽等于在该扫描速度下实际光斑直径

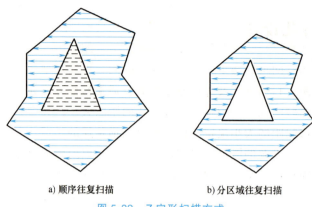

a) 顺序往复扫描　　　　　　b) 分区域往复扫描

图 5-32　Z 字形扫描方式

的大小。成型件实体部分外轮廓周边尺寸大了一个光斑半径，而内轮廓周边尺寸小了一个光斑半径，结果导致零件的实体尺寸大了一个光斑直径，使零件出现正偏差。为了减小或消除实体尺寸的正偏差，通常采用光斑补偿方法，使光斑扫描路径向实体内部缩进一个光斑半径。从理论上说，光斑扫描按照向实体内部缩进一个光斑半径的路径进行，所得零件的长度尺寸误差为 0。

9. 激光功率、扫描速度和扫描间距产生的误差

光固化快速成型过程是一个"线—面—体"方式的材料累积过程，为了分析扫描过程工艺参数（激光功率、扫描速度和扫描间距）产生的误差，需要对扫描固化过程进行理论分析，进而找出各个工艺参数对扫描过程的影响。

10. 光固化成型的制作效率

（1）影响制作时间的因素　光固化成型件是由固化层逐层累加形成的，成型所需要的总时间由扫描固化时间及辅助时间组成，成型过程中每层零件的辅助时间与固化时间的比值反映了成型设备的利用率，当实体体积越小，分层数越多时，辅助时间所占的比例就越大，如制作大尺寸的薄壳零件，这时成型设备的有效利用率很低，因此在这种情况下，减少辅助时间对提高成型效率是非常有利的。

（2）减少制作时间的方法　针对成型件的时间构成，在成型过程中可以通过改进加工工艺、优化扫描参数等方法，减少零件成型时间，提高加工效率，通常采用以下几种措施：

1) 减少辅助成型时间。辅助时间与成型方法有关，一般可通过以下公式表示：

$$t_p = t_{p1} + t_{p2} + t_{p3} \tag{5-2}$$

式中　t_{p1}——工作台升降运动所需要的时间；

t_{p2}——完成树脂涂覆所需要的时间；

t_{p3}——等待液面平稳所需的时间。

可见减少升降时间、树脂涂覆时间及等待时间，可以减少成型中的辅助时间。

2) 选择层数较小的制作方向。零件的层数对成型时间的影响很大，对于同一个成型件，在不同的制作方向下，成型时间差别较大。使用 SLA 制作零件时，在保证质量的前提下，应尽量减少制作层数。

对零件制作方向进行优化选择可以减少成型时间，选择制作层数较少的制作方向，使零件制作时间不同程度地减少，甚至减少了近 70% 的制作时间。

5.4 工艺参数优化设计

减少每一层的扫描时间可以减少零件的总成型时间,提高成型效率。每一层的扫描时间与扫描速度、扫描间距、扫描方式及分层厚度有关,通常扫描方式和分层厚度是根据工艺要求确定的,每层的扫描时间取决于扫描速度及扫描间距的大小,其中扫描速度决定了单位长度的固化时间,而扫描间距的大小决定单位面积上扫描路径的长短。

光固化快速成型中,光源的能量不是均匀分布的,光束的能量分布符合高斯曲线。激光束固化一个平面时,固化面是由一系列相邻的固化线相互粘结而组成的。由于树脂固化线的宽度大于扫描间距(通常为 0.1mm),成型过程中相邻扫描线之间产生部分重叠,相邻固化线之间的重叠部分的大小决定于光斑的直径和扫描间距的大小,实际成型过程中相邻固化线之间有较大的重叠,因此可以采用较大的扫描间距,相邻固化线之间仍然可以有效地相互粘结。扫描间距的提高缩短了紫外光在固化平面往复运动时的扫描距离。当扫描间距提高到 0.2mm 时,零件的制作时间只有间距为 0.1mm 时的 52%~62%,成型时间减少接近一半;当扫描间距为提高到 0.3mm 时,制作时间只有间距为 0.1mm 时的 40% 左右,即在同样的制作条件下,适当提高成型的扫描间距,可以有效减少零件制作时间,提高制作效率。

习题

1. SLA 工艺与 FDM 相比,有何优缺点?
2. SLA 成型的误差如何进行控制?
3. 在 SLA 工艺过程仿真分析时,如何添加热源?
4. SLA 工艺最新的进展是什么?

第6章 金属粉末床熔融成型技术（PBF）仿真分析

金属粉末床熔融成型技术（PBF）包括直接金属激光烧结技术（DMLS）、电子束熔化技术（EBM）、选择性热烧结技术（SHS）、激光选区熔化技术（SLM）和选择性激光烧结技术（SLS）。它们的名称不同，但是成型工艺相同或相似，都是使用激光束或电子束将金属材料粉末熔化并融合在一起，逐层烧结粉末。本章以目前广泛应用的激光选区熔化技术SLM为例，介绍其性能和仿真方法。

6.1 SLM成型工艺原理

在整个SLM的熔化成型过程中，首先将一束含有高能量的激光束聚焦在粉末床上表面，并按照预设程序沿指定方向扫描，光斑处的粉体吸收能量后迅速升温，当温度高于材料熔点时形成微小的熔池，同时热量以热传导、热对流以及热辐射三种方式进行传递，在高能量激光束远离的时候，熔体以极快的速率冷凝，从而形成具有一定厚度致密的成型面，逐层叠加得到满足要求的金属成型件。SLM成型工艺原理如图6-1所示。

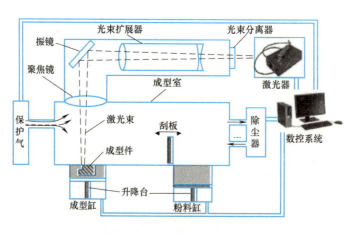

图6-1 SLM成型工艺原理图

6.2 SLM 成型仿真理论基础

1. 温度场理论基础

激光选区熔化是一个非线性程度很高的热加工过程，其温度场满足傅里叶热传导理论。粉末床表面的散热主要通过热辐射和热对流方式进行，激光选区成型过程中，激光能量以热流密度的形式输入到粉末床上，能量分布服从高斯分布曲线，公式为

$$Q = \frac{2AP}{\pi\omega^2} \cdot \exp\left(-\frac{2r^2}{\omega^2}\right) \tag{6-1}$$

式中，Q 为激光能量；ω 为激光光斑半径；A 为粉末床对激光的吸收率；P 为激光功率；r 为粉末单元的中点与光斑中心的距离。

2. 应力场理论基础

激光选区熔化成型过程中，熔池周围存在很大的温度梯度，工件各部分产生不均匀的热膨胀，且较快的冷却速度也会引发熔体不同程度的体积收缩，从而导致热应力的形成。基于热弹塑性力学模型和增量理论，可采用热—结构耦合法计算成型过程中的热应力演变以及冷却至室温后的残余应力分布。

激光选区熔化成型过程中，高温熔池内的液态金属粉末以及低温区的金属粉末均对周围介质没有较强约束作用，即处于零应力状态，需采用生死单元技术先将粉末层"杀死"，然后根据温度场计算结果，提取出高于熔点的节点并将其"激活"，表明这部分单元可成型，并通过赋值的方法降低熔点以上单元的弹性模量、切变模量以及热膨胀系数等，当温度低于熔点后便恢复至正常的力学性能参数。

6.3 SLM 成型工艺仿真过程

6.3.1 ANSYS 仿真模型选取与参数设计

利用 ANSYS 软件中的 APDL 命令对三维模型及激光扫描路径进行数字化建模，本节综合考虑计算量与计算精度问题，在不影响温度场及应力场基本规律的情况下，设定基板的尺寸为 40mm×40mm×10mm，网格单元选用 SOLID70，对其进行加密处理；成型区的尺寸为 20mm×20mm×6mm，网格单元选用 SOLID70，采用自由网格法划分，即靠近加工层的部分网格较细，以提高该位置计算结果的精度，而基板边缘及底部对温度场影响不大，采用较粗的网格从而缩短计算时间。激光光斑在粉层上表面按照命令流中指定的扫描方式移动，共有 6 条扫描道和 2 层扫描层。

采用不锈钢材料参数及激光加工参数见表 6-1。

表 6-1 不锈钢材料参数及激光加工参数

物理量（单位）	参　　数
激光功率/W	3000
激光扫描速率/(m/s)	0.1
光斑半径/m	0.002
比热容/[J/(kg·K)]	479
导热系数/[W/(m·℃)]	13.31

(续)

物理量（单位）	参数
熔化潜热/(kJ/kg)	183
热膨胀系数	20
泊松比	0.1951
屈服强度/MPa	76.9
杨氏模量/GPa	61
剪切模量/GPa	40.7

6.3.2 ANSYS仿真模型建立

1）打开ANSYS软件的APDL模块，选择热分析，定义工作文件名，进入图6-2所示界面。

2）定义材料单元类型和单元属性，单元选择SOLID70，进入图6-3所示界面。

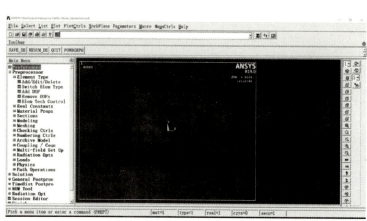

图6-2 ANSYS界面

图6-3 定义单元

3）选择[Favorites]→[Linear Static]→[Density]，定义粉末密度，如图6-4所示。

4）输入比热容，进入图6-5所示界面。

5）输入导热系数，进入图6-6所示界面。

6）输入粉末的弹性模量，进入图6-7所示界面。

7）定义热膨胀系数，进入图6-8所示界面。

8）定义泊松比，进入图6-9所示界面。

9）粉层部分建模，然后进行网格划分，通过命令流方式建立粉层模型，如图6-10所示。

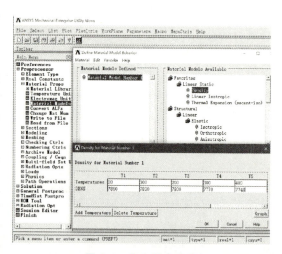

图6-4 定义粉末密度

第6章 金属粉末床熔融成型技术（PBF）仿真分析

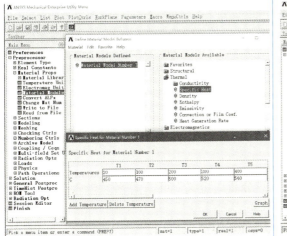

图 6-5 定义比热容

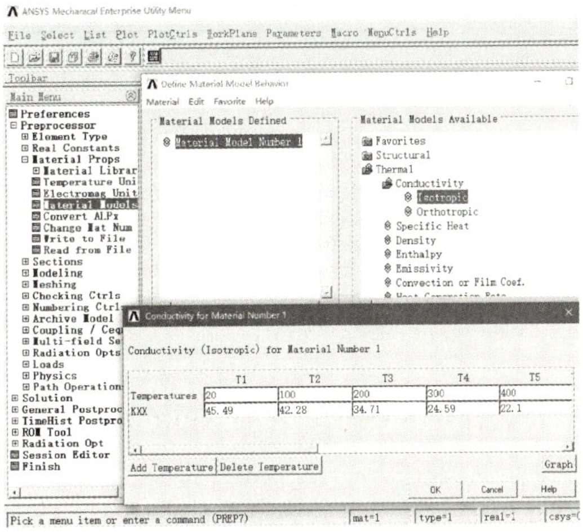

图 6-6 定义导热系数

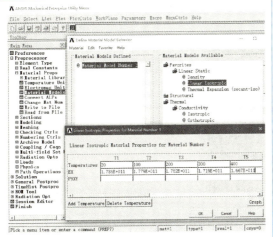

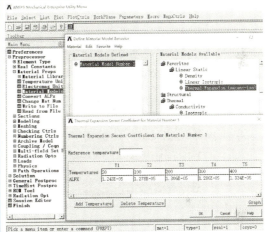

图 6-7 定义粉末弹性模量

图 6-8 定义热膨胀系数

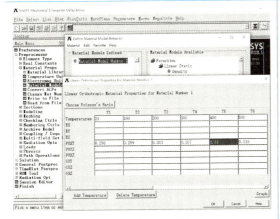

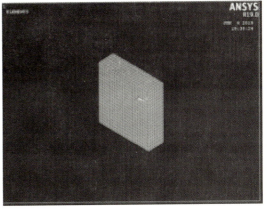

图 6-9 定义泊松比

图 6-10 粉层模型

粉层建模命令流如下：

```
allsel,all
cm,V_castMid,volu
allsel,all
*dim,V_Midsort,array,Laser_NumH,2
cmsel,s,V_castMid
*get,Vmin_,volu,0,num,min
*do,i,1,Laser_NumH
vsel,s,,,Vmin_
vsum,
*get,zloc_,volu,0,cent,z
V_Midsort(i,1)= Vmin_
V_Midsort(i,2)= zloc_
cmsel,s,V_castMid
Vmin_ = vlnext(Vmin_)
*enddo
*do,i,1,Laser_NumH
vsel,s,,,V_Midsort(i,1)
cm,V_cast%i%_,volu
aslv,s
asel,u,loc,x,-castPlanL/2-1e-6,-castPlanL/2+1e-6
asel,u,loc,x,castPlanL/2-1e-6,castPlanL/2+1e-6
asel,u,loc,y,-castPlanW/2-1e-6,-castPlanW/2+1e-6
asel,u,loc,y,castPlanW/2-1e-6,castPlanW/2+1e-6
*if,i,eq,1,then
asel,u,loc,z,-1e-6,1e-6
*else
cmsel,u,A_cast%i-1%_
*endif
cm,A_cast%i%_,area
*enddo
allsel,all
cm,V_castAll,volu
esize,Laser_R/2
allsel,all
type,1
mat,2
vmesh,all
```

10) 基板部分建模，然后进行网格划分，建立模型如图 6-11 所示。

基板建模命令流如下：

wpcsys,-1

vsel,none

asel,none

lsel,none

ksel,none

block,-basePlanL/2,basePlanL/2,-basePlanW/2,basePlanW/2,-basePlanH,0

cm,V_base,voluesize,Laser_R*4

mat,1

type,1

vmesh,all

allsel,all

11）模型建立完成之后，对基板施加初始温度边界条件，如图6-12所示。ANSYS中所用命令流如下：

cmsel,s,V_base

eslv,s

nsle,s

ic,all,temp,baseTemp

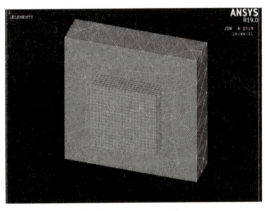

图6-11 基板模型

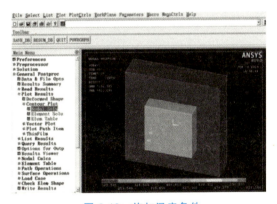

图6-12 施加温度条件

12）添加高斯热源，生成温度场，并生成温度场云图，如图6-13所示。加载高斯热源命令流如下：

*do,ii,1,21

heatGen(ii,0)= -Laser_R+2*(ii-1)*Laser_R/20+centX_

heatGen(0,ii)= -Laser_R+2*(ii-1)*Laser_R/20+centY_

*enddo

*do,ii,1,21

*do,jj,1,21

temp_ = (ii-11)**2+(jj-11)**2

*if,temp_,le,100,then

```
heatGen(ii,jj) =  Qvalue_ * exp(-3 * temp_/100)/3
 *else
heatGen(ii,jj) = 0
 *endif
 *enddo
 *enddo
cmsel,s,A_cast%i%_
nsla,s,1
sf,all,hflux,%heatGen%
allsel,all
solve
 *enddo
 *enddo
time_ = time_+cooltime_
time,time_
allsel,all
sfdele,all,all
allsel,all
esel,s,ename,,70
nsle,s
nsel,r,ext
cmsel,u,Nd_sub
sf,all,conv,cofVal,airTemp
allsel,all
solve
fini
/post1
/seg,dele
/seg,multi,temp1,0.1
allsel,all
cmsel,s,V_castAll
eslv,u
 *do,i,1,comNum_
cmsel,a,E_com%i%
SET,,,,,,i
plnsol,temp
 *enddo
/seg,off,temp1,0.01
/anfile,save,temp1,avi
```

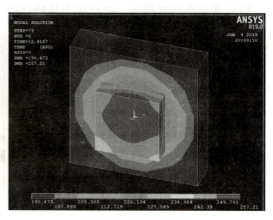

图 6-13 温度场云图

13）在温度场基础上，进行应力场的分析，并生成应力场云图，如图6-14所示。ANSYS所用的命令流如下：

/post1
/seg,dele
/seg,multi,Stress1,0.1
allsel,all
cmsel,s,V_castAll
eslv,u
*do,i,1,comNum_
cmsel,a,E_com%i%
SET,,,,,,i
PLNSOL,S,EQV,0,1.0
*enddo
/seg,off,Stress1,0.01
/anfile,save,Stress1,avi
/post1
/seg,dele
/seg,multi,Stress2,0.1
allsel,all
cmsel,s,V_castAll
eslv,u
*do,i,1,comNum_
cmsel,a,E_com%i%
SETi
PLNSOL,S,EQV,0,1.0
*enddo
/seg,off,Stress2,0.01
/anfile,save,Stress2,avi

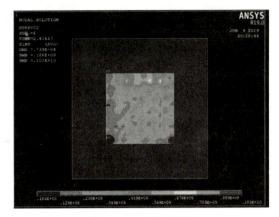

图6-14 应力场云图

6.3.3 有限元模拟结果与分析

使用ANSYS软件建立激光选区熔化过程仿真的APDL模型，通过改变激光参数和激光扫描路径，生成对应的温度场和应力场数据，并进行对比分析。拟改变的激光参数分别为激光扫描移动速率和激光功率。在改变激光参数的同时，进行激光扫描路径的改变，采用单向和蛇形扫描方式生成温度场和应力场数据，再进行对比分析。

1. SLM温度场分析

（1）不同激光扫描速度下的温度场分析 在304不锈钢粉末的SLM成型过程中，激光扫描速度是一个重要的影响因素，激光扫描速度不仅是影响激光能量输入强度的重要参数之一，而且与粉末未熔合有关。选择采用单向扫描的激光扫描方式，激光扫描两层，在每一层进行6道激光扫描，不锈钢粉末对激光的吸收率为0.35，激光功率选择为3000W，不锈钢粉末的铺粉厚度大致为3mm，激光扫描速度选择100mm/s。

图 6-15 所示为金属粉末激光熔化过程最后一步熔化中的粉层温度场分布云图，图 6-16 所示为金属粉末激光熔化过程完成后的温度场分布云图。图 6-15 中激光光斑的最高温度高达 1134℃，高于不锈钢粉末的熔点，整个过程成功地实现了 304 不锈钢粉末的熔化，形成了合适的熔池，并产生了液相，在整个不锈钢粉末熔化成型的过程中，可以看出不锈钢粉末温度场的分布区域大致呈现出一个不规则的椭圆形。从图 6-16 所示的云图中可以看出，不锈钢粉末熔池前端的温度梯度和不锈钢粉末后端已经熔化完成的区域相比要大，这是由于后端已经熔化部分的导热系数要大于前端粉末的导热系数，因为前端粉末部分没有被扫描到，因此光斑中心的热量更加容易向后传播。与此同时，熔池的尺寸正在慢慢地增大，这是由于粉层对激光吸收的能量越来越多。

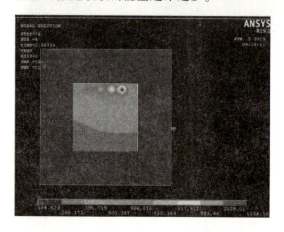

图 6-15　热源加载中粉层温度场云图

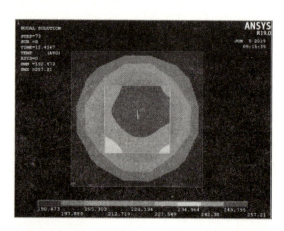

图 6-16　热源加载完成后温度场云图

当激光扫描速度为 300mm/s 时，其他参数同上，通过 ANSYS 仿真模拟得到温度场云图，如图 6-17 和图 6-18 所示。从生成的温度场云图明显可以看出，因为激光扫描速度过快，使得激光束在单位面积粉末上停留较短的时间，导致不锈钢粉末从激光中获得的能量较少。激光光斑中心的粉末温度值只有 567℃，这远低于不锈钢粉末的熔点温度。由于激光扫描速度过快，使得不锈钢粉末颗粒无法完全熔化，只有粉末表面部分熔化，从而产生相互粘结。这种情况下，一般无法形成合格的熔化成型金属件。

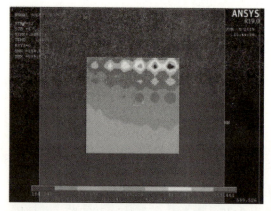

图 6-17　热源扫描最后一步温度场云图

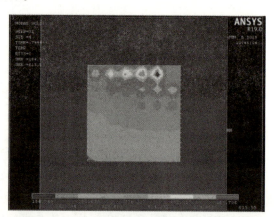

图 6-18　热源扫描倒数第二步温度场云图

(2) 不同激光功率的温度场分析 采用激光单向扫描的方式扫描两层，激光在每一层扫描6道；不锈钢粉末铺粉厚度为3mm，对激光的吸收率为0.35；扫描速度选择100mm/s，激光功率分别选择1000W、3000W、5000W，通过ANSYS仿真模拟得到温度场云图，如图6-19~图6-21所示。从图中可以看出，这一时刻的最高温度分别达到了524℃、1097℃、1525℃。以激光光源为中心的高温度区域呈现不规则椭圆形状，其温度分布规律基本一致，等温线一层层地扩散开来，且随着激光功率的升高，最高温度不断地升高，热影响的区域也不断地变大。

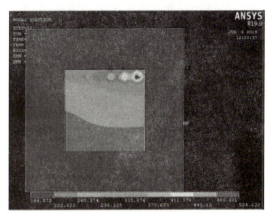

图6-19 1000W激光功率温度场云图

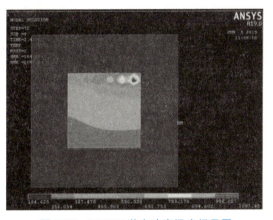

图6-20 3000W激光功率温度场云图

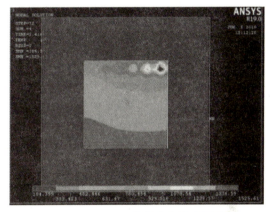

图6-21 5000W激光功率温度场云图

2. SLM应力场分析

(1) 不同激光扫描速度下的应力场分析 采用激光单向扫描的方式扫描两层，每一层扫描6道；选择激光功率大小为3000W；不锈钢粉末铺粉厚度为3mm，对激光的吸收率为0.35；激光扫描速度分别选择100mm/s和300mm/s时，所产生的Von Mises等效应力、X向应力、Y向应力分布图分别如图6-22~图6-24所示。从图中可以看出，扫描速度为100mm/s时，等效应力、X向应力、Y向应力值最大值依次为963MPa、632MPa、629MPa；扫描速度为300mm/s时，等效应力、X向应力、Y向应力最大值依次为642MPa、289MPa、288MPa。

由此可见，随着扫描速度的增加，成型件的最大等效应力逐渐减小，最大等效应力和激光扫描速度在一定的程度上呈现负相关系。随着激光扫描速度的增加，在单位时间内作用区接受的激光能量降低，温度梯度变小，使得材料之间的作用变小，导致残余应力变小。同时可以看出，Y向、X向最大残余应力也同样随着扫描速度的增大而变小。

(2) 不同激光功率的应力场分析 选择激光单向扫描的方式，扫描两层，每一层扫描6道；不锈钢铺粉厚度为3mm，对激光的吸收率为0.35；激光扫描速度选择300mm/s，激光

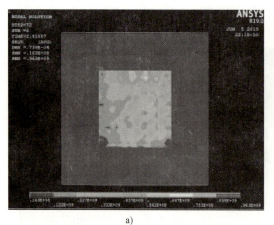 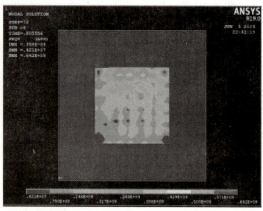

图 6-22 Von Mises 等效应力分布图

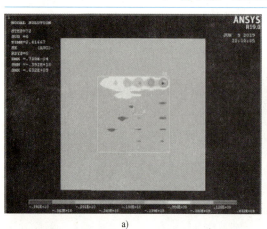 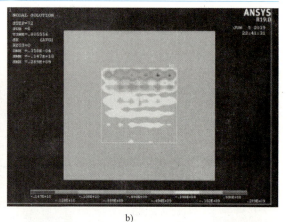

图 6-23 σ_x 应力分布图

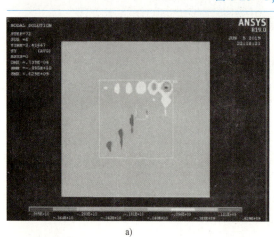 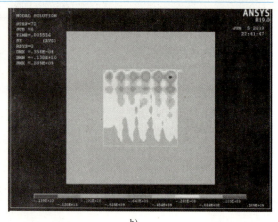

图 6-24 σ_y 应力分布图

功率分别选择 3000W 和 5000W 时，分别生成相应的应力场数据及应力分布图。当激光功率为 3000W 和 5000W 时，所产生的 Von Mises 等效应力、X 向应力、Y 向应力分布图分别如图

6-25~图 6-27 所示。由图可以看出，激光功率为 3000W 时，等效应力、X 向应力、Y 向应力值最大值依次为 642MPa、289MPa、288MPa；激光功率为 5000W 时，等效应力、X 向应力、Y 向应力最大值依次为 1104MPa、457MPa、456MPa。

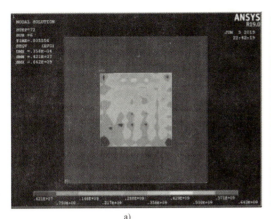
a)

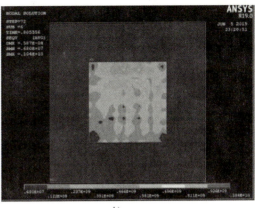
b)

图 6-25　Von Mises 等效应力分布图

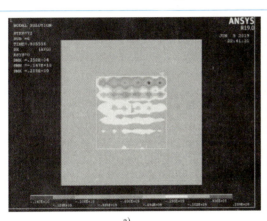
a)

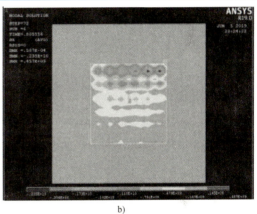
b)

图 6-26　σ_x 应力分布图

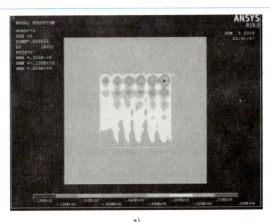
a)

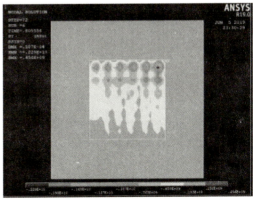
b)

图 6-27　σ_y 应力分布图

等效应力与激光功率呈正相关关系,这是由于随着激光功率的增高,温度梯度变大,材料之间的作用更加明显,导致残余应力增大。最大 Y 向应力、最大 X 向应力也随着激光功率的增大而逐渐增加。因此,可以得出残余应力随着激光功率的增大而增大。

6.4 仿真案例

6.4.1 考虑材料属性转换的仿真分析(ANSYS)

1. 开始设定

```
/com,units:SI        !定义单位制,ANSYS 没有单位要求,但是有单位制要求
/title,SLM IN718                    !该名称会出现在操作的主界面
/filname,SLMed-IN718  !为命令流结果文件命名
/prep7       !定义 SLM 热分析单元类型
et,1,SOLID70
```

2. 定义材料参数

对于温度场分析涉及的主要参数有密度、比热容和导热系数。需要注意的是,相对于焊接和激光熔覆模拟等,SLM 数值模拟的一个重要特点就是粉末材料和同种固体材料间属性的转换。金属粉末材料间存在空隙使其属性和块状固体材料有很大差异,因此在定义材料属性时,需要对粉末材料和固体材料分别定义。

```
mptemp,1,20,100,200,300,400,500           !定义温度区间(℃)
mptemp,,600,700,800,850,900,950
mptemp,,1000,1100,1200,1250,1300,1500

!*************粉末*************
mpdata,dens,1,1,4948,4932,4908,4886,4667,4840
mpdata,dens,1,,4818,4788,4766,4752,4736,4720
mpdata,dens,1,,4706,4769,4617,4589,4558,4235

mpdata,c,1,1,362,378,400,412,445,486
mpdata,c,1,,507,532,546,710,671,578
mpdata,c,1,,592,890,1112,1333,1680,710

mpdata,kxx,1,1,1.15,2.01,3.03,3.78,4.87,7.3
mpdata,kxx,1,,9.2,9.9,10.8,11.3,11.8,12.2
mpdata,kxx,1,,12.6,13.6,14.5,14.9,15.2,16.4

!*************基体*************
mpdata,dens,2,1,7850,7840,7820,7782,7700,7650  !定义基体密度(kg/m³)
mpdata,dens,2,,7612,7580,7540,7532,7515,7510
```

```
mpdata,dens,2,,7500,7469,7435,7420,7400,7340

mpdata,c,2,1,472,480,524,580,615,854              ! 基体比热容[J/(kg·K)]
mpdata,c,2,,915e,1064,806,750,637,615
mpdata,c,2,,602,589,536,520,513e,513

mpdata,kxx,2,1,47,42,38,36,34,28                  ! 基体导热系数[W/(m·℃)]
mpdata,kxx,2,,26,25,20,21,22,46
mpdata,kxx,2,,54,55,57,59,60,65

!**************金属***************

mptemp
mptemp,1,300,400,500,600,700,800
mptemp,,900,1000,1100,1200,1300,1400
mptemp,,1500,1600,1700,1800,1900
mpdata,dens,3,1,8188,8144,8108,8066,8028,7986
mpdata,dens,3,,7949,7910,7869,7832,7795,7752
mpdata,dens,3,,7619,7420,7320,7227,7125

mptemp
mptemp,1,300,400,500,600,700,800
mptemp,,900,1000,1100,1200,1300,1400
mptemp,,1500,1600,1700,1800,1900
mpdata,c,3,1,436,461,484,502,518,536
mpdata,c,3,,561,604,668,634,625,643
mpdata,c,3,,673,718,719,720,719

mptemp
mptemp,1,1,20,100,200,300,400,500
mptemp,,600,700,800,900,1000,1100
mptemp,,1200,1420,1460
mpdata,kxx,3,1,13.31,14.68,16.33,17.93,19.47,20.96
mpdata,kxx,3,,22.38,33.76,25.07,26.33,27.53,28.67
mpdata,kxx,3,,29.76,31.95,32.00

*dim,conve,table,8,1,1,temp                       ! 换热系数[W/(m²·℃)]
conve(0,1,1)=1
conve(1,0,1)=0
conve(1,1,1)=30
```

conve(2,0,1)= 200
conve(2,1,1)= 70
conve(3,0,1)= 400
conve(3,1,1)= 90
conve(4,0,1)= 600
conve(4,1,1)= 100
conve(5,0,1)= 800
conve(5,1,1)= 150
conve(6,0,1)= 1000
conve(6,1,1)= 180
conve(7,0,1)= 1500
conve(7,1,1)= 200.00
conve(8,0,1)= 2000
conve(8,1,1)= 250.65

3. 建立模型

模型分为粉层和基板两部分。加工材料的粉末床成型尺寸为 24mm×24mm×3mm，基板尺寸为 44mm×44mm×20mm。为了便于划分网格，将基板分为两部分，分别是中间过渡层（44mm×44mm×5mm）和下层（44mm×44mm×15mm）。建立好的模型如图 6-28 所示。

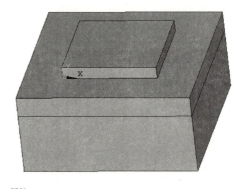

图 6-28　建立模型

```
block,-10e-3,34e-3,-10e-3,34e-3,-20e-3,-5e-3    ！生成长方体
block,-10e-3,34e-3,-10e-3,34e-3,-20e-3,0
block,0,24e-3,0,24e-3,0,3e-3
vovlap,all                                       ！布尔操作，将体分割
vglue,all                                        ！将体粘接
numcmp,all                                       ！对生成的体序号重新排序
```

4. 划分网络

粉末床对于节点位置的精度要求高，采用映射划分的方式将模型长和宽等分成 48 份，高等分成 3 份。基板采用自由网格划分方法，选用四面体金字塔形网格，中间过渡层单元尺寸为 2mm，下层单元尺寸为 5mm。

在主界面上通过单击 [Select] → [Entities] → [Volumes（By Num/Pick）] 选择需要的体，查看体序号。在模型形状不复杂的情况下，可通过单击 [Plot] → [Numbering] → [LINE（on）] 显示模型的全部线条，如图 6-29 所示。

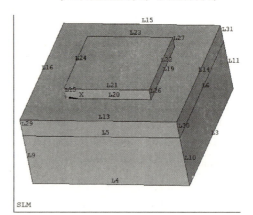

图 6-29　线条显示

```
vsel,s,volu,,2          ！选中体 2
```

```
aslv,s,1              ! 选中体上面的面
lsla,s,1              ! 选中面上面的线
lsel,r,line,,18
lsel,a,line,,20,21
lsel,a,line,,23
lesize,all,,,48       ! 将选中的线等分

vsel,s,volu,,2
aslv,s,,1
lsla,s,1
lsel,r,line,,17
lsel,a,line,,19
lsel,a,line,,22
lsel,a,line,,24
lesize,all,,,48

vsel,s,volu,,2
aslv,s,1
lsla,s,1
lsel,r,line,,25,28
lesize,all,,,3

mat,1                 ! 材料1(粉末)
type,1
vsweep,2

alls
esize,2e-3            ! 中间过渡层
mshkey,0
mshape,1              ! 这两个命令表示使用四面体单元
mat,2
type,1
vmesh,3

esize,5e-3            ! 最下部分网格
mshkey,0
mshape,1
mat,2
type,1
vmesh,1
```

划分网格后的结果如图 6-30 所示。

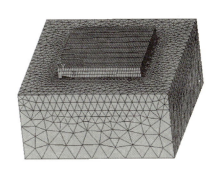

图 6-30 划分网格

5. 定义非线性求解选项

```
/solu
antype,4
trnopt,full              ! 使用完全瞬态积分法
pred,on                  ! 打开预测校正功能
solcontrol,on            ! 自动控制
nropt,full,,on           ! 使用完全牛顿—拉普森(Newton-Raphson)方法
! cnvtol,u,,0.5          ! 设置收敛值—位移
! cnvtol,f,,0.05         ! 设置收敛值—力
cutcontrol,plslimit,10,  ! 设置在一个非线性求解中时间步减少
! eqslv,sparse,,2        ! 求解器类型
lnsrch,on                ! 线性搜索
autots,on                ! 自动步长
tintp,,,,1,,             ! 向后积分
timint,on                ! 瞬态效果
tref,20                  ! 参考温度,本例设定为室温下 20℃
kbc,0                    ! 定义连续性载荷
neqit,100                ! 规定每个子步中最大迭代次数,一般默认为 25
outres,all
```

6. 定义变量

在这一部分定义各种需要的参数,为后面高斯热源的加载等做准备。

```
h = 3e-3                 ! 层厚
d = 0.5e-3               ! 单元格大小(m)
v = 0.1                  ! 激光扫描速度(m/s)
r = 2e-3                 ! 光斑半径(m)
pi = 3.1415926
power = 2000             ! 激光额定功率(W)

k = 0.7
qm = (2*k*power)/(pi*r*r)  ! 计算高斯热源最大热流密度[J/(m²·s)]


xc = 4*d                 ! 光斑初始位置 x 坐标
xd = 8*d                 ! 光斑一步移动 8 个单元格
yc = 4*d                 ! 光斑初始位置 Y 坐标
yd = 8*d                 ! 光斑向 Y 方向移动时,一步移动 8 个单元格
dx = d
dy = d
dz = d
```

下面的操作是使用 *get 命令获得粉末单元的最大单元号和最小单元号,为后面材料属

性的转换做准备。

```
esel,s,mat,,1
*get,nemax,elem,,num,max
*get,nemin,elem,,num,min
```

7. 稳态分析

稳态分析的目的是使模型处于一个初始条件,否则 ANSYS 会默认所有地方都是 0。

```
timint,off
alls
ic,all,temp,20              ! 选中所有模型,并加载初始温度为 20℃


alls
nsel,s,ext                  ! 选中所有模型外表面节点
sf,all,conv,%conve%,20      ! 加载对流换热系数,空气温度为 20℃


time,1e-6                   ! 稳态分析时间
deltim,1e-6,1e-6,1e-6
kbc,1
allsel,all
solve
eplot
```

稳态分析后结果如图 6-31 所示。

8. 扫描瞬态分析

该部分是命令流中最重要的部分,在这一部分定义扫描路径,加载热流密度。该命令流设定激光扫描 6 道,每道有 6 步,扫描方式为 Z 字形循环扫描。为了便于介绍,该部分的循环命令将被拆分开。

(1) **热源的加载**　使用的热源为高斯面热源,以热流密度的形式加载在模型表面。激光光斑直径为 2mm,每个单元格横截面尺寸为 0.5mm×0.5mm,可将激光每一步的作用位置近似简化为单元格个数为 8×8 的粉层上表面。光斑中心位置可看作为热流密度最大的位置,为单位 1。需要注意的是,激光从某一起始点开始按照设置好的路径不断移动,不能时刻作用在已加工的粉层表面,所以在每次移动一个步长,并加载热源进行求解之后,需要在下一个步长移动之前将上一步加载的热源载荷删除。

```
esel,s,mat,,1
nsle,s,1
nsel,r,loc,x,xc-dx,xc+dx
nsel,r,loc,y,yc-dy,yc+dy
nsel,r,loc,z,h
sf,all,hflux,qm
```

对热源中心加载后效果如图 6-32 所示。

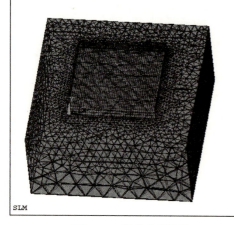

图 6-31 稳态分析结果

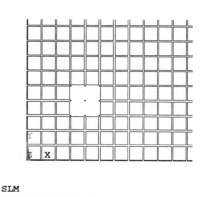

图 6-32 热源中心加载效果

接下来需要对中心周围的一圈节点加载热源,每圈分为 4 个部分。下面为第 1 部分热源加载命令:

```
qr = qm * exp(-2 * L * L/16)        ！热流密度公式
m = 1
esel,s,mat,,2
nsle,s,1
nsel,r,loc,x,xc+m * dx,xc+(m+1) * dx
nsel,r,loc,y,yc-(m+1) * dy,yc+(m+1) * dy
nsel,r,loc,z,h
sf,all,hflux,qr
```

第一圈的热源分步加载效果如图 6-33 所示。

热源加载第一步的求解过程如图 6-34 所示。

(2) 材料属性的转换　在每个载荷步热源加载完毕且计算分析结束后,利用 APDL 语言的"*get"函数,对当前全部节点温度进行遍历,并配合"*if"函数获取温度超过熔点的单元,利用 mpchg 命令完成材料属性的更改。由于每一步激光的加载都会定义一个数组,为了避免同一个数组名称被重新定义带来的问题,定义一个参数"ii"在循环中不断增加,来定义变化的节点数组。材料属性转换涉及的关键命令流如下所示。

```
esel,s,live
esel,r,mat,,2
nsle,s
*get,selnnum,node,,count        ！获取前面所选的全部节点数量 selnnum
*get,slnmin,node,,num,min
*dim,node_temp%ii%_,,selnnum    ！定义数组 node_temp1,共 selnnum 个值
*dim,selnode%ii%_,,selnnum      ！定义数组 selnode1
selnode%ii%_(1) = slnmin        ！数组中第一个数为 slnmin
*do,x,2,selnnum,1               ！x 从 2 开始增加到 selnnum
```

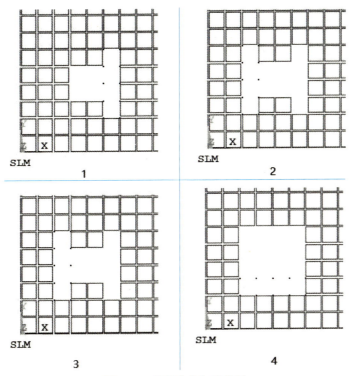

图 6-33　热源分步加载效果

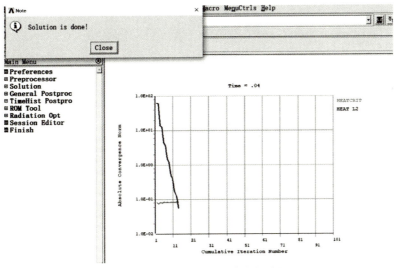

图 6-34　热源加载第一步求解过程

selnode%ii%_(x) = ndnext(selnode%ii%_(x-1))　　！获取下一个节点号 ndnext
*enddo

*do,f,1,selnnum,1
*get,node_temp%ii%_(f),node,selnode%ii%_(f),temp　　！获取每个节点的温度值
*enddo

```
*do,f,1,selnnum,1
*if,node_temp%ii%_(f),gt,1260,then
nsel,s,node,,selnode%ii%_(f)
esln,s
mpchg,3,all                    ! 更改元素的材料编号属性 mpchg
*endif
*enddo
allsel,all
```

(3) 完整的扫描瞬态热分析命令流

```
timint,on
j=2*r/v                        ! 扫描第一步的时间
ii=1


*do,n,1,3
!************第一道************
*do,i,1,6
/solu
alls


!*热源加载**
esel,s,mat,,1
nsle,s,1
nsel,r,loc,x,xc-dx,xc+dx
nsel,r,loc,y,yc-dy,yc+dy
nsel,r,loc,z,h
sf,all,hflux,qm


L=1
m=1
*do,m,1,3
qr=qm*exp(-2*L*L/16)


esel,s,mat,,1
nsle,s,1
nsel,r,loc,x,xc+m*dx,xc+(m+1)*dx
nsel,r,loc,y,yc-(m+1)*dy,yc+(m+1)*dy
nsel,r,loc,z,h
sf,all,hflux,qr
```

```
esel,s,mat,,1
nsle,s,1
nsel,r,loc,x,xc-(m+1)*dx,xc-m*dx
nsel,r,loc,y,yc-(m+1)*dy,yc+(m+1)*dy
nsel,r,loc,z,h
sf,all,hflux,qr

esel,s,mat,,1
nsle,s,1
nsel,r,loc,x,xc-(m+1)*dx,xc+(m+1)*dx
nsel,r,loc,y,yc+m*dy,yc+(m+1)*dy
nsel,r,loc,z,h
sf,all,hflux,qr

esel,s,mat,,1
nsle,s,1
nsel,r,loc,x,xc-(m+1)*dx,xc+(m+1)*dx
nsel,r,loc,y,yc-(m+1)*dy,yc-m*dy
nsel,r,loc,z,h
sf,all,hflux,qr

L=L+1
*enddo
!*

time,j
deltim,j,j,2*j
alls
solve                          !求解

esel,s,mat,,1
nsle,s,1
sfdele,all,hflux               !删除之前的热流密度

!****更改材料属性******
esel,s,live
esel,r,mat,,1
nsle,s
```

```
*get,selnnum,node,,count
*get,slnmin,node,,num,min
*dim,node_temp%ii%_,,selnnum
*dim,selnode%ii%_,,selnnum
selnode%ii%_(1)=slnmin
*do,x,2,selnnum,1
selnode%ii%_(x)=ndnext(selnode%ii%_(x-1))
*enddo

*do,f,1,selnnum,1
*get,node_temp%ii%_(f),node,selnode%ii%_(f),temp
*enddo

*do,f,1,selnnum,1
*if,node_temp%ii%_(f),gt,1260,then
nsel,s,node,,selnode%ii%_(f)
esln,s
mpchg,3,all
*endif
*enddo
allsel,all
!*******

j=j+2*r/v
ii=ii+1
xc=xc+xd
*enddo

xc=xc-xd
yc=yc+yd

!****第二道*****
*do,k,1,6
/solu
alls
!**
esel,s,mat,,1
nsle,s,1
nsel,r,loc,x,xc-dx,xc+dx
```

```
nsel,r,loc,y,yc-dy,yc+dy
nsel,r,loc,z,h
nplot
sf,all,hflux,qm

L = 1
*do,m,1,3
qr = qm*exp(-2*L*L/16)

esel,s,mat,,1
nsle,s,1
nsel,r,loc,x,xc-(m+1)*dx,xc-m*dx
nsel,r,loc,y,yc-(m+1)*dy,yc+(m+1)*dy
nsel,r,loc,z,h
nplot
sf,all,hflux,qr

esel,s,mat,,1
nsle,s,1
nsel,r,loc,x,xc+m*dx,xc+(m+1)*dx
nsel,r,loc,y,yc-(m+1)*dy,yc+(m+1)*dy
nsel,r,loc,z,h
nplot
sf,all,hflux,qr

esel,s,mat,,1
nsle,s,1
nsel,r,loc,x,xc-(m+1)*dx,xc+(m+1)*dx
nsel,r,loc,y,yc+m*dy,yc+(m+1)*dy
nsel,r,loc,z,h
nplot
sf,all,hflux,qr

esel,s,mat,,1
nsle,s,1
nsel,r,loc,x,xc-(m+1)*dx,xc+(m+1)*dx
nsel,r,loc,y,yc-(m+1)*dy,yc-m*dy
nsel,r,loc,z,h
nplot
```

```
sf,all,hflux,qr

L=L+1
*enddo
!**

time,j
deltim,j,j,2*j
alls
solve


esel,s,mat,,1
nsle,s,1
sfdele,all,hflux

!********
esel,s,live
esel,r,mat,,1
nsle,s
*get,selnnum,node,,count
*get,slnmin,node,,num,min
*dim,node_temp%ii%_,,selnnum
*dim,selnode%ii%_,,selnnum
selnode%ii%_(1)=slnmin
*do,x,2,selnnum,1
selnode%ii%_(x)=ndnext(selnode%ii%_(x-1))
*enddo

*do,f,1,selnnum,1
*get,node_temp%ii%_(f),node,selnode%ii%_(f),temp
*enddo

*do,f,1,selnnum,1
*if,node_temp%ii%_(f),gt,1260,then
nsel,s,node,,selnode%ii%_(f)
esln,s
mpchg,3,all
*endif
*enddo
```

allsel,all
! * * * * * * *

j=j+2*r/v
ii=ii+1
xc=xc-xd
*enddo

xc=xc+xd
yc=yc+yd
*enddo
alls
eplot
! * * * * * * * 冷却 * * * * * * * * *

j=j-2*r/v
j=j+10
*do,i,1,10
/solu
time,j
deltim,10,10,10
alls
solve
j=j+10
*enddo

如图6-35所示,可看到热源的加载过程,热源中心温度最高,显示为红色,越到外围温度越低。

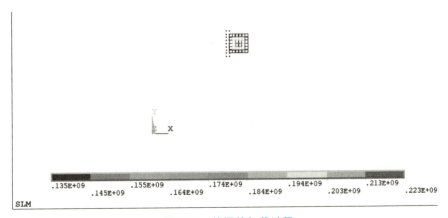

图6-35 热源的加载过程

在求解完成后，依次单击［General Postproc］→［Plot Results］→［Contour Plot］→［Nodal Solu］→［DOFSolution］→［Nodal Temperature］，查看温度场结果。

经过漫长时间冷却后，材料的温度场分布如图 6-36 所示。

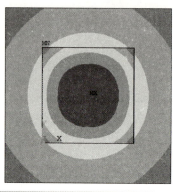

图 6-36　材料冷却后的温度场分布

利用 Animate 功能生成激光加载过程的温度场动画，具体操作如图 6-37 所示。

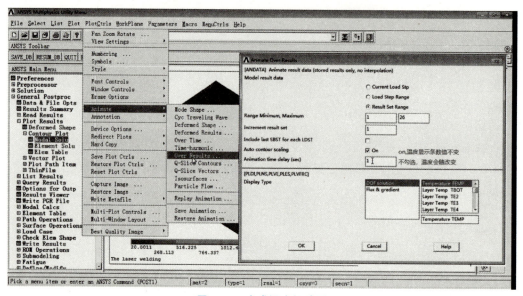

图 6-37　生成温度场动画

如果想要查看哪一步确切的命令，可依次单击［General Postproc］→［Read Results］→［By Load Step］，输入要查看的步数，选取部分步数的温度场结果即可。

6.4.2　温度场与应力场仿真分析（ANSYS Additive）

1. 温度场模拟

1）打开 ANSYS Additive 软件，单击［Parts］按钮，在这个模块界面下，单击［Import

Part］按钮，将"111.stl"文件导入，如图 6-38 所示。

图 6-38　模型导入

2）开始模拟设置。单击［Draft Simulations］→［New］→［Thermal history］进行设置，如图 6-39 所示。

图 6-39　模拟设置

单击"111.stl"文件后的［Add］按钮，导入文件，如图 6-40 所示。

随后进行材料的选择、输出数据的设置，最后单击［start］按钮进行仿真，如图 6-41~图 6-43 所示。

3）导出数据，打开 ParaView 软件，进行结果查询，如图 6-44 所示。

2. 应力场模拟

1）打开 ANSYS Additive 软件，单击［Parts］按钮，在这个模块界面中单击［Import Part］按钮，将"111.stl"文件导入，如图 6-45 所示。

单击［Draft Simulations］→［New］→［Thermal strain］进行模拟设置，如图 6-46 所示。

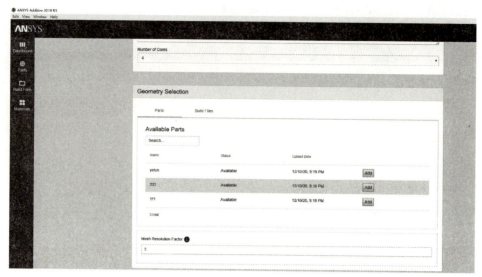

图 6-40　导入几何文件

图 6-41　几何文件显示窗口

图 6-42　材料设置

第6章 金属粉末床熔融成型技术（PBF）仿真分析

图 6-43　输出数据设置

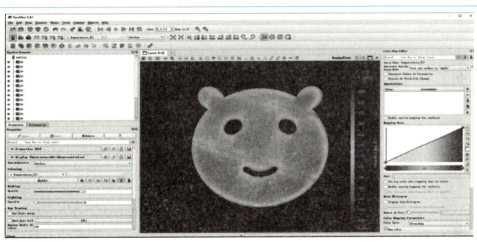

图 6-44　结果显示

图 6-45　几何文件导入

增材制造产品性能预测技术

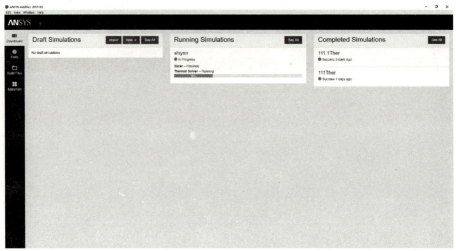

图 6-46 模拟设置

单击"111.stl"文件后的[Add]按钮,导入几何文件,如图 6-47 所示。

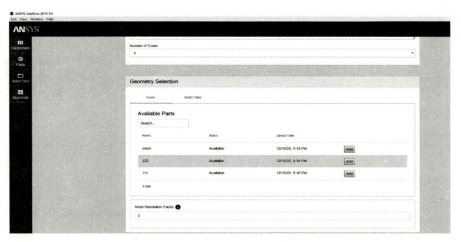

图 6-47 添加几何文件

打印模型支撑数据设置如图 6-48 所示(本模型无须支撑,因此不做设置)。

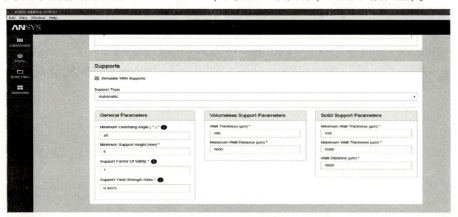

图 6-48 支撑数据设置

进行模型材料的选择、工艺参数设置和输出设置（图 6-49、图 6-50）。

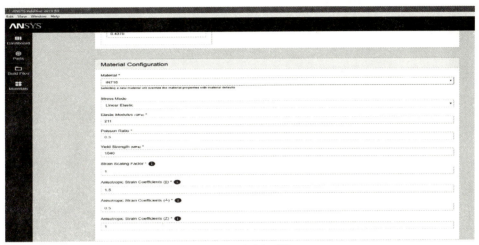

图 6-49　材料设置

图 6-50　工艺参数和输出设置

2）打开仿真模型，选择 [Output Files] 下的结果进行查看，如图 6-51 所示。

3）应力图的俯视图和仰视图如图 6-52 和图 6-53 所示。

4）应变图的俯视图和仰视图如图 6-54 和图 6-55 所示。

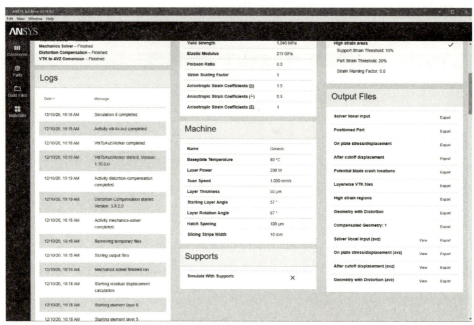

图 6-51 输出结果

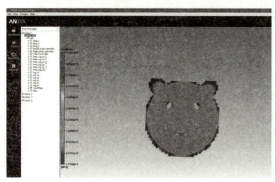

图 6-52 应力图俯视图

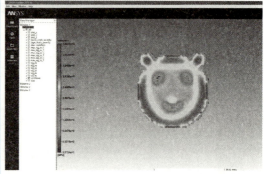

图 6-53 应力图仰视图

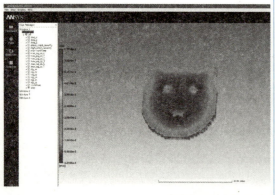

图 6-54 应变图俯视图

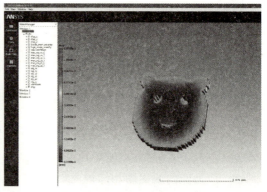

图 6-55 应变图仰视图

6.4.3 温度场与应力场仿真分析（EDEM-Flow 3D）

1）在 EDEM 软件中设置颗粒参数（尺寸，密度），经过计算获得颗粒的质量，如图 6-56 所示。

2）在 EDEM 软件中设置计算区域，如图 6-57 所示。

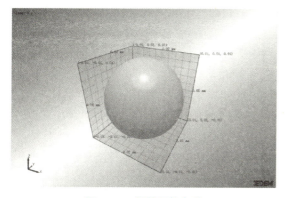 

图 6-56　设置颗粒参数　　　　　　　　图 6-57　设置计算区域

3）在 EDEM 软件中生成颗粒，如图 6-58 所示。

4）将颗粒坐标和体积信息保存，如图 6-59 所示。

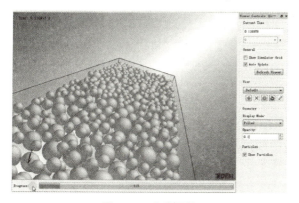 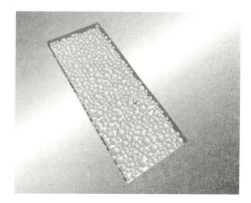

图 6-58　生成颗粒　　　　　　　　图 6-59　保存颗粒信息

5）根据颗粒床坐标和体积信息使用 Gambit 软件生成颗粒床，如图 6-60 所示。

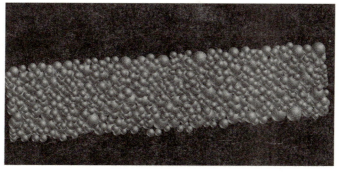

图 6-60　生成颗粒床

6）在 Flow3D 软件中进行过程仿真，结果如图 6-61 所示。

图 6-61 仿真结果

采用 EDEM-Flow 3D 耦合数值模拟的方法，从金属粉末与激光的微观交互过程出发，揭示激光选区熔化增材制造 Inconel 718 合金构件内部缺陷形成的机理。通过 EDEM 软件建立成正态分布的具有给定致密度、粉末层厚度的金属粉末床。根据质量、能量、动量守恒原理和 SLM 的实际情况，建立 SLM 单层单道、单层双道的非线性瞬态传热控制的受热→传热→熔化→流动→凝固→重熔的多物理场耦合的金属颗粒模型。然后设置符合实际情况的初始条件和边界条件。技术路线如图 6-62 所示。

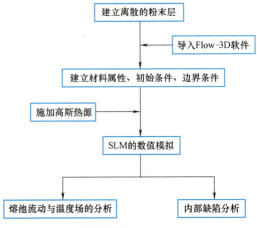

图 6-62 技术路线（EDEM-Flow 3D）

(1) 模型的边界条件和初始化参数　对于激光选区融化的数值模拟过程，除了高斯热源的选取和熔池的传热控制方程重要之外，还有模型的边界条件设置也较为重要，它描述了热能量的分配。其中包括自然热对流、表面热辐射和因达到材料沸点所蒸发的热量。在本小节中，主要介绍材料的各种参数和数值模拟的工艺参数。

1) 边界条件。在 SLM 成型过程中，呈高斯分布的面热源的能量加载到粉末层的表面，其中热对流和热辐射对其过程产生一部分影响，还有一部分就是材料蒸发带走的一部分热量也对其产生影响。

当移动高斯面热源扫描粉末层时，输入的能量密度过高，温度会超过材料的沸点，蒸发项就会被激活，形成金属蒸汽并带走一部分热量，同时产生蒸汽反冲力。

在仿真过程中，由于金属蒸汽从液体中逃离出来，会产生一个对液面向下的压力。

2) 初始化参数。在 SLM 数值模拟中，为了研究熔池的流动和温度场，需要设置初始的温度场，所以设置环境温度为 $T_0 = 300K$。同时，粉末层的尺寸为 $1000\mu m \times 600\mu m \times 60\mu m$，基板尺寸为 $1000\mu m \times 600\mu m \times 100\mu m$。影响成型过程中熔池流动和凝固的工艺参数主要有激光功率、扫描速度、填充密度和扫描间距。激光功率选择 100W、150W 和 180W 作为初始条件，分别进行 SLM 数值模拟；扫描速度选择 600mm/s、1000mm/s 和 1600mm/s 作为初始条件，分别作为粉末层熔池流动的模拟参数；填充密度选择 0.4、0.5 两种情况作为熔池融化和凝固的初始条件，分别进行仿真；扫描间距主要选择 55μm、60μm 和 70μm 作为数值仿真的研究条件，分别进行模拟。计算过程的各种主要参数见表 6-2。移动高斯面热源作用在粉末层表面，其初始位置为 (70μm, 0)，并沿 X 轴进行移动。

表 6-2 SLM 成型过程数值模拟的各种初始参数

参　　数	值
环境温度(T_0)	300K
激光功率(P)	100W、150W、180W
扫描速度(V)	600mm/s、1000mm/s、1600mm/s
光斑半径(R)	35μm
填充密度(D)	0.4、0.5
扫描间距(H)	55μm、60μm、70μm
粉床厚度(d_H)	60μm
粉末颗粒半径分布	15~30μm 随机分布
材料固体相温度(T_S)	1523.15K
材料液体相温度(T_L)	1608.15K
材料的沸点(T_{1v})	3188K
表面张力系数(σ)	1.882N/m
熔化潜热(L_m)	250000J/kg
蒸发潜热(L_v)	7340000 J/kg
激光效率(α)	0.3
金属摩尔质量	59.75g/mol
凝固态的比热容	684J/(kg·K)
导热系数	29.53W/(m·℃)
凝固阻力系数	1
临界固相率	0.67
固体凝固率	0.15
表面辐射系数	0.4

粉末床的材料为 Inconel 718 合金，其与温度有关的相关属性（密度、导热率、比热容和黏度）如图 6-63 所示。

（2）Inconel 718 合金 SLM 单道成型的数值模拟及缺陷分析

1）Inconel 718 合金粉末单道熔池的演变过程。为了研究 Inconel 718 合金粉末单道熔池的介观演变过程和温度场的变化，选取填充密度为 0.5 的离散粉末层、高斯面热源的功率为 180W 和扫描速度为 1000mm/s 作为研究 SLM 成型过程的熔池变化的初始参数。在 SLM 成型过程中，开始是生成高斯面热源在粉末层的初始位置，粉末层颗粒吸收并传递能量，如图 6-64a、b 所示。然后 Inconel 718 合金粉末达到熔点熔化，并且伴随着高温区向低温区传递热量的过程，形成一个由中心向熔池边缘逐渐递减的温度梯度，如图 6-64c 所示。在形成熔池的时候，由于高斯热源温度超过材料的沸点，就会形成金属气体的蒸发，伴随着气体蒸发膨胀逃出熔池表面，将会产生一个较大的反冲力，形成凹陷区域，如图 6-64d 所示。因为熔池具有表面张力，并且与温度梯度分布方向相反，所以在熔池形成温度梯度分布的同时也伴随着表面张力的形成。表面张力通过对熔池的剪切力来使熔体由表面张力低的地方向高的地

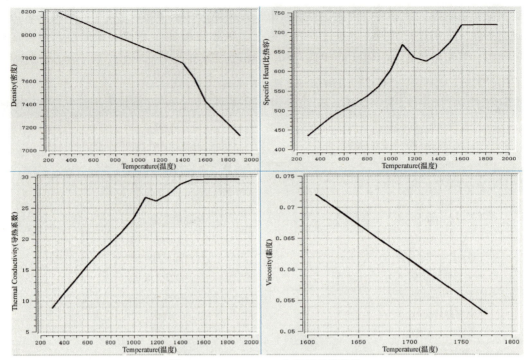

图 6-63 Inconel 718 合金材料热物性

方流动，形成了马兰戈尼对流，如图 6-64e 所示。最后，随着温度梯度的减少和熔体表面张力的作用，凹陷的区域被填平，如图 6-64f 所示。

在 SLM 成型过程中，熔池中形成的温度场随时间的变化情况，如图 6-65 所示。当高斯面热源加载到粉末层表面时，由于粉末还没有熔化，也没有热传导、热对流与热辐射等物理现象形成，所以没有热量的消耗和损失，因此这时候粉末的表面能量最大，热量也达到最大值。之后能量开始向周围传递热量，颗粒逐渐熔化，形成熔池。从图中可以看出，由于在温度场前沿粉末层材料和基材仅仅是通过导热的方式使温度有所提高，温度梯度较大，温度场中的同温带较窄，随着时间的推移和热源沿着 X 轴正方向移动，粉末层不断被预加热，同样经过热量的传导使温度升高，因此温度梯度小，同温带较宽。

2）高斯热源的扫描速度对熔池的影响。选区粉末层的填充密度为 0.5，激光功率为 180W，扫描间距为 60μm 作为单道扫描速度的初始条件，然后改变激光热源的移动速度观察熔池形貌，如图 6-66 所示。随着扫描速度的增加，熔池的深度和熔池的宽度稍微有些降低，但熔池的长度显著提高；同时 SLM 成型单道熔池在 600mm/s 的扫描速度下呈现出的表面形貌更加的平直。

SLM 成型熔池的最高温度随着速度的增加而降低。当激光扫描速度增高时，高斯热源所发出的能量没有被离散的粉末层全部吸收，粉末颗粒不能完全被熔化，从而影响基板与熔融后颗粒的结合。在 SLM 成型过程中，过高的扫描速度还会导致基板与颗粒熔融凝固后的固体产生间隙，如图 6-66c 所示。相反，如果激光的扫描速度过慢，高温镍基合金吸收的热量过多，更容易产生基板熔化，形成过烧的现象，如图 6-66a 所示。所以，控制 SLM 成型过程中的扫描速度达到一个合适值，使得材料未出现未熔化和过烧的现象，这是成型过程中应该被重点关注的一方面。

第6章 金属粉末床熔融成型技术（PBF）仿真分析

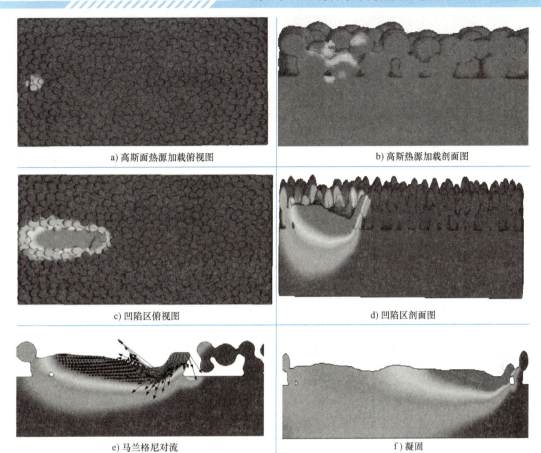

图 6-64　熔池演变过程

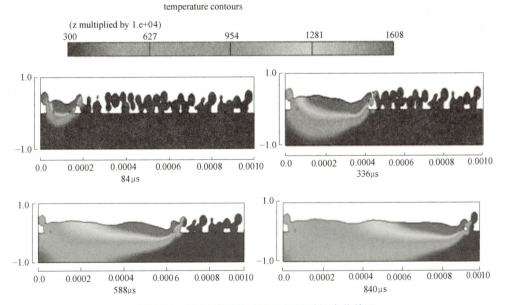

图 6-65　SLM 成型熔池温度场随时间变化情况

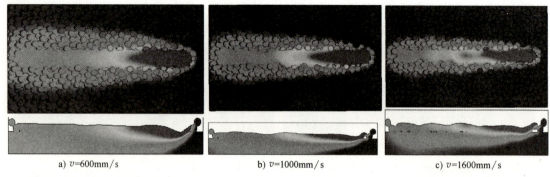

图 6-66　不同扫描速度下的熔池形貌

图 6-67 所示为 SLM 成型过程中不同扫描速度下熔池尺寸的变化趋势。随着扫描速度从 600mm/s 提高到 1600mm/s，单道扫描过程中熔池深度从 58.29μm 减小到 40.92μm，单道熔池长度由 180μm 提高到 311μm，而单道熔池宽度也从 100.86μm 减小到了 81.08μm。同时，激光热源的扫描速度加快，熔池长度增大，熔池深度却减小。扫描速度较快时，其对应区域吸收的能量会减少，沿熔池深度方向向下的区域会因为吸收不到足够能量无法有效熔化，导致熔池深度减小。另一方面，粉末床上表面在激光热源照射的瞬间即可受热产生熔池，由于热源移动速度较快，热源作用位置的温度会持续影响相邻位置，熔池在短时间内被持续影响，所以熔池长度会随着扫描速度的加快而增大。

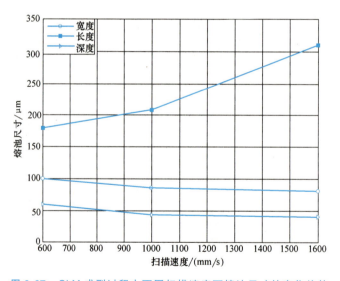

图 6-67　SLM 成型过程中不同扫描速度下熔池尺寸的变化趋势

6.4.4　固有应变算法的增材工艺仿真分析（ANSYS Additive Print）

固有应变算法的增材工艺仿真分析，通常需要从固有应变因子的试验标定开始，针对不同设备、材料、工艺参数进行样件的试验标定，标定完成后，在零件打印之前对工艺方案进行快速仿真预测，提前发现打印中可能出现的问题，并有针对性地进行仿真优化验证。

1. 固有应变因子标定

（1）同一批次、同一基板成型标定样件　标定样件通常为悬臂梁模型或者其他模型，按照给定的扫描策略要求成型样件,样件数量建议数量为9个(每个扫描策略各3个),扫描策略分别为沿悬臂长度方向、宽度方向和旋转扫描三种策略,如图6-68所示。分别对样件进行无轮廓和上下表皮扫描,材料收缩系数设置为1(无收缩设置)。

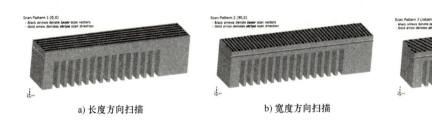

a) 长度方向扫描　　　　　b) 宽度方向扫描　　　　　c) 旋转扫描

图 6-68　标定样件的扫描策略

(2) **标定样件变形测量**　标定样件打印完成后,采用三坐标测量仪、激光扫描仪、游标卡尺等(建议采用精度较高的测量工具)对样件进行变形测量,测量方式包括两种,A方式为打印完成后直接沿着样件上表面中心线方向测量收缩变形值,B方式(一般建议优先选择该方式测量)为打印完成后将悬臂下方的支撑切割后测量悬臂梁的回弹高度,如图6-69所示。

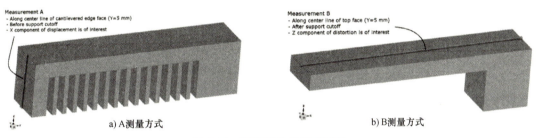

a) A测量方式　　　　　　　　　　　b) B测量方式

图 6-69　标定样件的变形测量

(3) **标定样件仿真计算**　对标定样件进行输入初始固有应变因子 $SSF_0 = 1$、$ASC_0 = (1.5, 0.5, 1)$ 的计算,计算完成后,提取特定位置的变形值,如图6-70所示。

(4) **固有应变因子的迭代求解**　将标定样件的测量结果与计算结果导入到标定流程的计算表格中,基于选定的应变模式,如扫描模式应变或假定均匀应变,进行初始第一轮迭代计算,直到计算结果与测量结果误差满足要求,得到初始SSF和ASC系数,如图6-71所示。

使用第一轮迭代计算得到的SSF和ASC系数,采用零件实际的扫描策略(旋转扫描)进行第二轮迭代计算,直到误差满足要求,即为最终的SSF和ASC系数,如图6-72所示。

(5) **将标定好的固有应变因子导入材料参数库中**　具体操作设置如图6-73所示。

2. 零件仿真分析

固有应变因子标定完成后,打印之前对零件进行增材工艺过程仿真分析,操作流程包括四步,分别为准备和上传零件与支撑的几何文件、建立仿真任务、运行仿真任务以及查看任务计算结果,如图6-74所示。

(1) **准备和上传零件与支撑的几何文件**　将预先确定好打印方向的零件、支撑分别保存为STL格式文件,其中支撑的类型、数量无任何限制,上传完成后保存。ANSYS软件也支持上传设备中的打印路径文件 Build Files,如图6-75所示。

(2) **建立仿真任务**　选择应变模式,设置对应的体素网格大小、支撑结构、材料、固有应变因子等,以及选择要输入的计算结果,如图6-76所示。

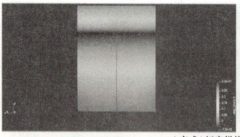
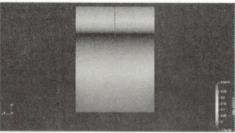

a) 方式A标定样件计算结果提取

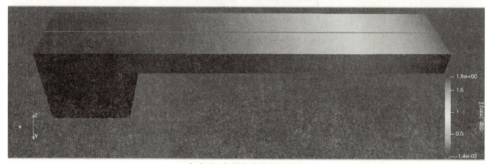

b) 方式B标定样件计算结果提取

图 6-70　标定样件计算结果提取

SSF and ASCs Calibration for Scan Pattern Simulations

Geometry Measurements	Distortion (mm)
‖ direction	1.342
⊥ direction	0.892

Extract distortion value at the location of interest from models built with scan patterns 1 and 2 (‖ and ⊥)

	Simulation iteration	Simulation number	direction	Distortion (mm)	Simulation settings			New settings			Error%
					SSF	ASC‖	ASC⊥	SSF	ASC‖	ASC⊥	
Linear Elastic	1st		‖ direction	3.456	1.00	1.50	0.50	0.43	1.20	0.80	157.5%
			⊥ direction	1.786							100.2%
	2nd		‖ direction	1.678	0.43	1.20	0.80	0.34	1.20	0.80	25.0%
			⊥ direction	1.121							25.7%
	3rd		‖ direction	1.36	0.34	1.20	0.80	0.42	1.19	0.81	1.3%
			⊥ direction	0.90							0.7%

图 6-71　SSF 和 ASC 系数第一轮迭代计算流程

SSF and ASCs Additional Calibration for Scan Pattern Simulations

Geometry Measurements	Distortion (mm)
Rotating stripe scan pattern (or user-customized)	0.46

Extract distortion value at the location of interest from models built with third scan pattern (rotating stripe)

	Simulation iteration	Simulation number	direction	Distortion (mm)	Simulation settings			New settings			Error%
					SSF	ASC‖	ASC⊥	SSF	ASC‖	ASC⊥	
Linear Elastic	1st		rotating	0.758	0.34	1.20	0.80	0.21	1.20	0.80	63.4%
	2nd		rotating	0.47	0.21	1.20	0.80	0.21	1.20	0.80	0.2%

图 6-72　SSF 和 ASC 系数第二轮迭代计算流程

第6章　金属粉末床熔融成型技术（PBF）仿真分析

图 6-73　在材料参数库中输入标定的 SSF 和 ASC 系数

图 6-74　软件操作流程

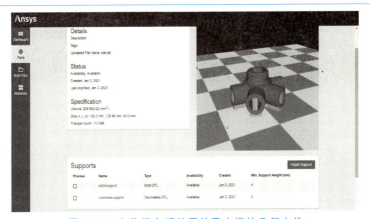

图 6-75　上传保存后的零件及支撑的几何文件

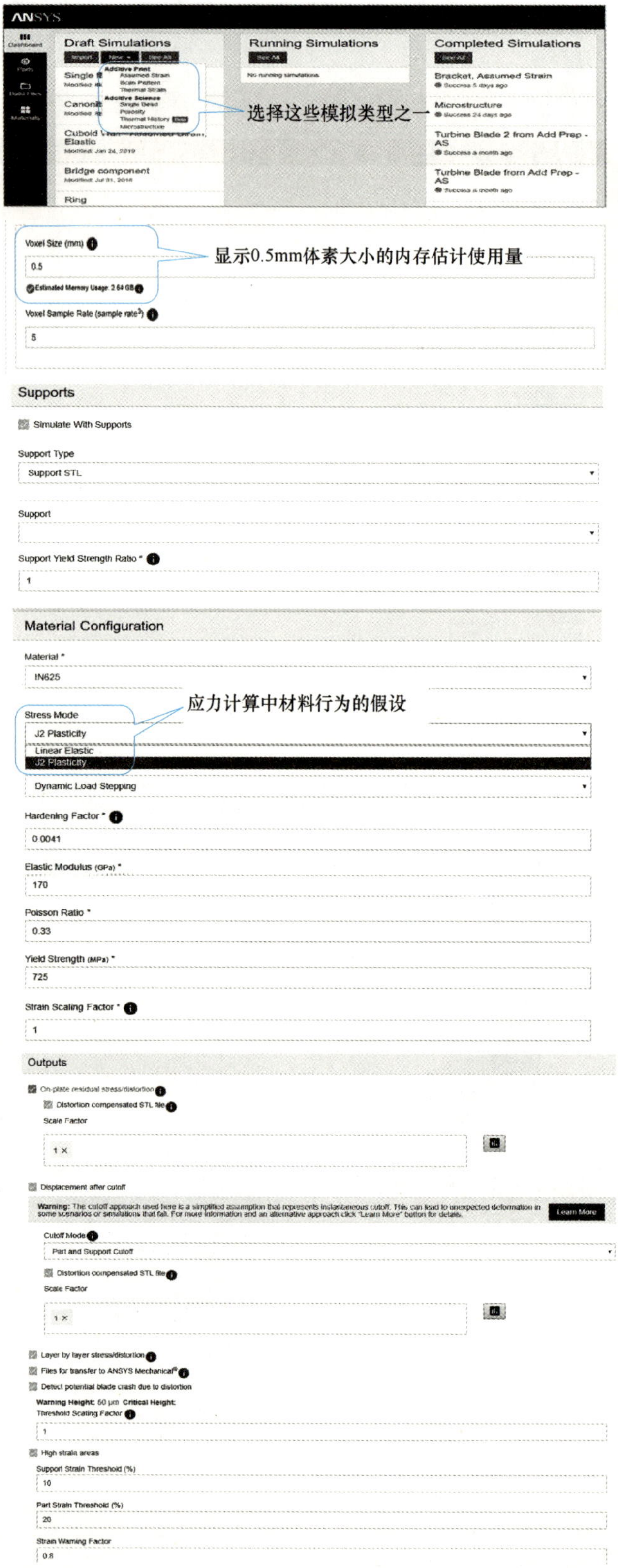

ANSYS
Draft Simulations
Running Simulations
Completed Simulations
选择这些模拟类型之一
显示0.5mm体素大小的内存估计使用量
Voxel Size (mm)
0.5
Voxel Sample Rate (sample rate³)
5
Supports
Simulate With Supports
Support Type
Support STL
Support
Support Yield Strength Ratio *
1
Material Configuration
Material *
IN625
应力计算中材料行为的假设
Stress Mode
J2 Plasticity
Linear Elastic
J2 Plasticity
Dynamic Load Stepping
Hardening Factor *
0.0041
Elastic Modulus (GPa) *
170
Poisson Ratio *
0.33
Yield Strength (MPa) *
725
Strain Scaling Factor *
1
Outputs

图 6-76　建立仿真任务

（3）运行仿真任务　仿真任务设置完成后，运行任务。在计算过程中，可以实时查看计算进度，如图 6-77 所示。

图 6-77　仿真任务运行中

（4）查看计算结果　计算完成后，可以直接查看计算结果，也可以将计算结果导入 PeraView 软件中进行查看。图 6-78 所示为零件整体位移变形效果图。

3. 仿真结果验证

图 6-79 所示为本例打印的零件，该零件在打印过程中，由于结构收缩变形，以及添加的支撑结构强度不足等原因，在仿真过程中已经预测出零件与支撑部分翘曲变形严重的部位发生了支撑结构断裂失效，导致铺粉刮刀与打印零件干涉，使打印失败，这与仿真预测结果吻合。

图 6-78　零件整体位移变形效果

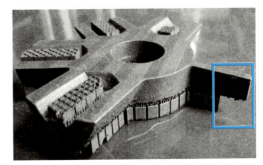

图 6-79　打印零件

4. 仿真优化

从仿真结果来看，翘曲变形严重的部位，支撑结构强度需进一步加强，软件可以自动输出基于应力分布的优化支撑结构，在翘曲变形趋势较大的部位，增加支撑结构强度，优化后的支撑结构既可以保证零件打印成功，同时也方便去除支撑结构。图 6-80 所示为仿真优化支撑结构。

图 6-80　仿真优化支撑结构

6.4.5　热—力耦合算法的仿真分析（ANSYS Workbench Additive）

在 ANSYS Workbench 平台中集成了可以采用热—力耦合算法的 Additive Manufacturing System 增材工艺仿真分析系统，可以对打印及后处理全流程进行仿真分析。

1. 在 Workbench 平台中创建增材工艺分析流程

ANSYS Workbench 平台中自动集成了金属增材工艺仿真分析系统，可直接建立基于瞬态热分析和静力结构分析的耦合流程，用于增材工艺仿真分析，如图 6-81 所示。

2. 在 Engineering Data 中选择分析材料

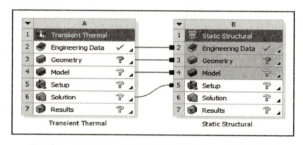

图 6-81　Workbench 平台中增材热—力耦合流程

Engineering Data 工程材料数据库中包括常见的增材制造用材料牌号，可直接选择，如图 6-82 所示；也可以自定义建立新的材料牌号。

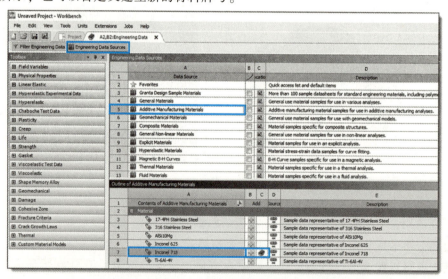

图 6-82　Engineering Data 中选择增材制造用材料

第6章 金属粉末床熔融成型技术（PBF）仿真分析

3. 导入并识别零件、支撑结构和基板几何体

零件、支撑结构和基板的几何体可以同时导入；也可以通过 STL 格式文件单独导入支撑几何文件，支撑材料属性可以自定义。零件、支撑结构和基板之间的接触可以自动建立，效果如图 6-83 所示。

图 6-83　分析模型

4. 网格划分

对零件采用增材制造专用分层—四面体网格划分；支撑以 STL 格式导入后使用体素化（立方体）网格划分，如图 6-84 所示。

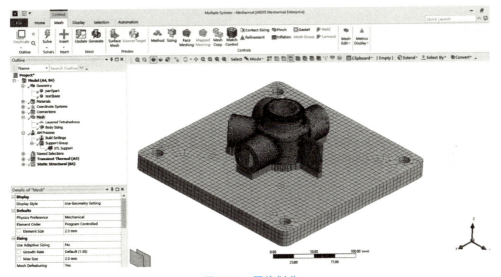

图 6-84　网格划分

5. 设置增材制造过程参数

增材制造的过程参数设置［Model（A4，B4）］→［AM Process］→［Build Settings］如图 6-85 所示。

6. 热分析与结构分析的边界条件设置

设置热边界条件，基板初始预热温度为 80℃，打印完成后冷却时基板温度为环境温度；设置结构边界条件为基板上螺纹孔固定约束，如图 6-86 所示。

7. 热分析、结构分析求解

采用高性能分布式计算方法与多核并行计算方式对热分析和结构分析求解，有效提高计算效率。

8. 结果查看

计算完成后，可以提取温度随时间变化的曲线、整体变形分布、等效应力分布、塑性应变分布等结果，分别如图 6-87~图 6-90 所示。

图 6-85　过程参数设置

增材制造产品性能预测技术

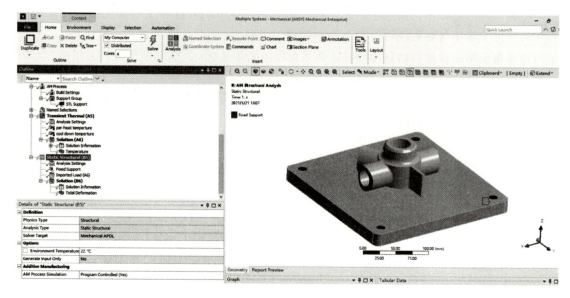

图 6-86　边界条件设置

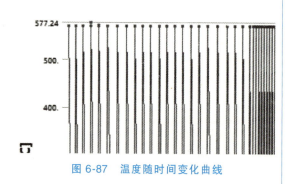

图 6-87　温度随时间变化曲线

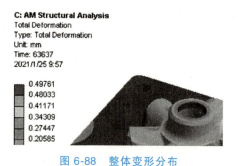

图 6-88　整体变形分布

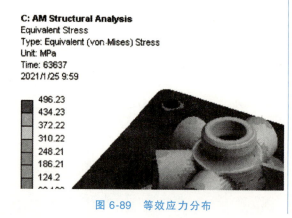

图 6-89　等效应力分布

图 6-90　塑性应变分布

6.4.6 考虑扫描路径的增材工艺仿真分析（AM Prosim）

安世亚太基于 ANSYS 平台自主二次开发了金属增材工艺仿真分析系统 AM Prosim，它是目前市场上考虑详细扫描路径的且适用工程应用的金属增材工艺仿真工具，采用热—力耦合算法和标准的 ANSYS 生死单元技术；能够考虑温度相关的材料非线性属性；并能预测制件增材制造过程中详细的温度、应力、应变分布情况；优化工艺参数，适用于主流的金属增材工艺技术，如 L-PBF、LDM、WAAM 等。

1. 新建仿真项目

打开"新建工程"对话框，如图 6-91 所示。导入预先保存好的分析模型的网格 DB 格式文件（该文件在 Workbench 中生成），设置计算文件的保存路径。

2. 材料定义

材料库中集成了常见的增材制造用材料牌号，还可以自定义支撑材料，如图 6-92 所示。

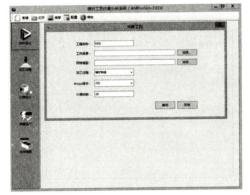

图 6-91 新建仿真项目

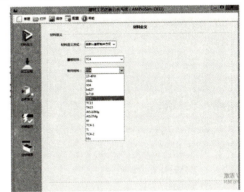

图 6-92 选择分析材料

3. 设置过程参数

设置过程参数，包括基板参数、工艺参数、环境气氛参数以及预先生成的扫描路径文件，如图 6-93 所示。该扫描路径需要在增材制造工艺路径规划软件中生成。

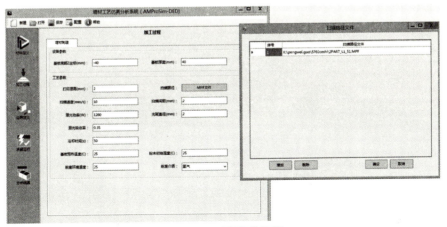

图 6-93 过程参数设置

4. 边界条件设置

热边界条件可以选择固定温度和对流换热两种，结构边界可以直接固定在基板底面或者自定义约束方式，如图6-94所示。

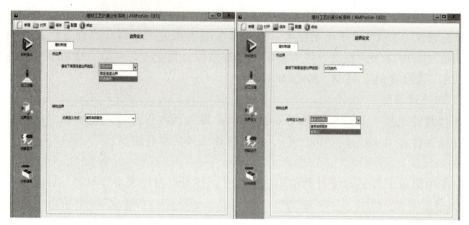

图6-94 边界条件设置

5. 求解设置

为提高计算效率，同时保证计算精度，支持自由设置计算层高、扫描路径模拟步长、熔化、冷却和凝固过程初始子步数以及是否考虑材料蠕变效应等，如图6-95所示。

6. 求解

系统采用 ANSYS Mechanical 求解器，支持高性能并行计算，温度分析与应力分析可单独进行，也可以同时统一计算。

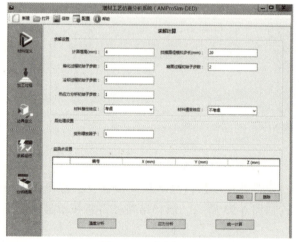

图6-95 求解设置

7. 计算结果

计算结果包括温度实时分布、温度随时间变化曲线、等效应力（Von Mises Stress）分布和变形分布，分别如图6-96~图6-99所示。

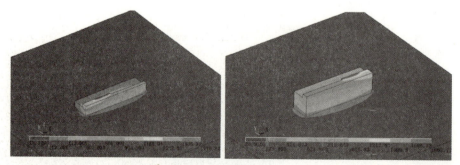

图6-96 温度实时分布

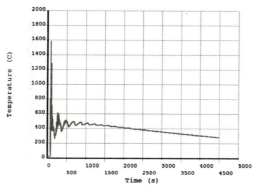

图 6-97 温度随时间变化曲线

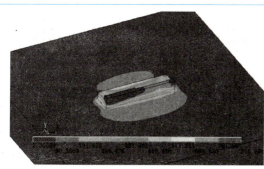 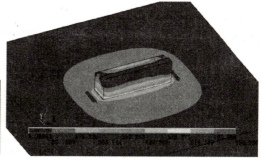

图 6-98 等效应力（Von Mises Stress）分布

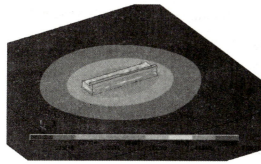 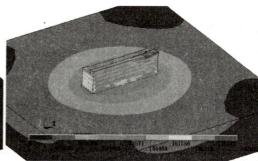

图 6-99 变形分布

习题

1. 粉末属性对 PBF 成型质量是否有影响？其影响主要体现在哪些方面？
2. SLM 工艺的内部和外部质量缺陷主要包括哪些？分析引起质量缺陷的主要原因。
3. SLM 成型工艺参数中，哪些对性能具有较大影响？
4. 以 316 不锈钢为例，完成温度场和应力场仿真分析，参数自定。

第7章 激光直接金属堆积成型技术（DMD）仿真分析

7.1 DMD 成型工艺原理

DMD 技术是在激光熔覆技术上发展而来的，基于同轴送粉的方式进行逐层制造，在无须任何模具和工装的条件下可快速成型任意形状零件。金属三维实体模型离散切片数据在计算机系统驱动下，通过金属材料的激光熔化和快速凝固逐层沉积，直接制备并成型出具有快速凝固组织特征的高性能近净形金属零件。

SLM 技术采用的是铺送粉的形式，而进行大尺寸制造时无法提供相对应的大型供粉缸、成型缸以及惰性气体保护氛围，近净成型采用的是供粉器供给粉末。打印头上带有可输送粉末和惰性气体的喷嘴，计算机控制送粉器将粉末输送到激光聚焦位置。在打印过程中，计算机会调入一层切片，根据扫描数据计算机控制激光沿打印头轴线向下射出，聚焦在粉末喷出的汇聚点，在气体保护作用下实现熔化，即激光、气体、粉末同时相互作用实现熔化和凝固。同时，打印头会沿着扫描路径移动完成一层打印，然后打印头上升一个层厚在上一层的基础上继续打印，最终完成整个零件的打印。

DMD 技术的优势在于能够制作大型零件，原则上没有尺寸限制，同时所制作的零件具有较高的力学性能，优于锻件标准，在材料的选择上也更加灵活方便。工艺缺点在于设备的造价较昂贵，在成型过程中容易产生较大的内应力，尚未研发出边打印边退火的方法；此外，该技术打印的零件在尺寸精度与表面质量方面不佳，后续需要较多的机加工手段。

DMD 技术的成型工艺原理如图 7-1 所示。其成型工艺装置主要包括高功率激光器、送

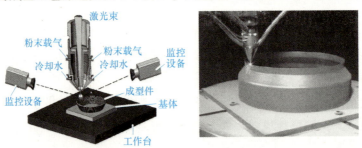

图 7-1 DMD 技术的成型工艺原理

粉器（单缸或多缸）、沉积头（单喷嘴或多喷嘴）、CNC（数控）系统以及其他辅助装置等。

7.2 有限元热—力耦合模型

　　DMD成型过程中的温度场和应力场仿真分析以ANSYS为例，通过建立三维有限元模型，考虑所研究材料的热物性参数及相变潜热过程，利用ANSYS中的APDL命令实现激光热源动态机加载，采用生死单元技术模拟激光扫描沉积过程。在温度场仿真分析的基础上，通过有限元热—力耦合模型，可分析成型过程中的应力—应变演变规律及残余应力的分布情况。

　　具体的实现方式，可以参照前面章节提到的方法完成，在此不再赘述。基于有限元热—力耦合模型，以Inconel 625镍合金为例，可以得到以下结论：
1）熔池下部的温度梯度更大，从中心到熔池边缘温度梯度逐渐增大。
2）激光扫描不通过区域的热积累效应不同，起点和终点处的冷却速度更大。
3）激光作用区域积累大量的能量，从而产生一定的压应力，沿着激光扫描方向的应力最大。
4）DMD成型后的零件存在较大的残余拉应力，沿激光扫描方向的残余应力最大。

7.3 DMD成型工艺参数优化

　　在金属零件的DMD成型中，激光功率、扫描速度和扫描路径的不同都会直接影响熔池的温度和成型件的温度场、应力场，从而对其微观组织产生影响，同时沉积速率也会不同。对于DMD成型工艺参数优化的研究，通过试验可以发现随着激光功率和送粉速度的增大以及扫描速度的降低，熔池温度升高，成型高度和宽度变大。

7.4 DMD成型工艺仿真案例

　　DMD成型时，由于热应力较大导致构件发生变形，甚至开裂，因此控制优化工艺参数至关重要，如扫描策略。本例基于AM Prosim仿真分析系统，进行了扫描策略中分区大小的仿真优化分析，旨在展示增材制造工艺仿真优化在DMD成型中的应用。

1. 分区扫描

　　不同的分区大小决定了残余应力大小，本例研究的分区扫描为长方形扫描，扫描示意图如图7-2所示。

2. 仿真计算分区大小

　　模型尺寸为500mm×250mm，分区大小分别为160mm×80mm、100mm×50mm，计算1层，层内分区扫描顺序为随机最大离散化。

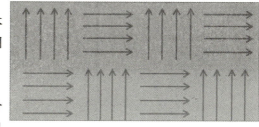

图7-2 分区扫描示意

　　基于中科煜宸开发的路径规划软件进行路径规划、扫描轨迹填充，并生成扫描路径文件，如图7-3所示。

　　AM Prosim界面设置简洁，适合工程化应用，操作流程简单，具体参考6.4.6章节。

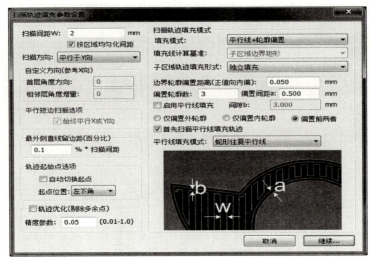

图 7-3　扫描轨迹填充

3. 仿真计算输入

（1）材料和工艺参数　材料为钛合金 TC4，激光功率为 1200W，扫描速率为 10mm/s，扫描间距为 2mm，光斑直径为 2.5mm，沉积层厚为 1mm，如图 7-4 所示。

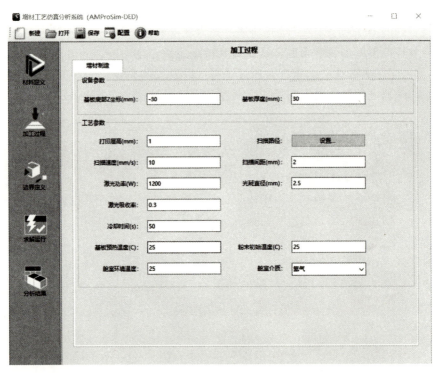

图 7-4　工艺参数输入

（2）".db"网格模型　在 ANSYS Workbench 中进行网格划分，并输出".dat"文件，生成".db"网格模型文件，网格尺寸 5mm，基板网格尺寸 10mm，如图 7-5 所示。

（3）扫描路径文件　通过路径规划软件生成并输出".MPF"文件。

第7章 激光直接金属堆积成型技术（DMD）仿真分析

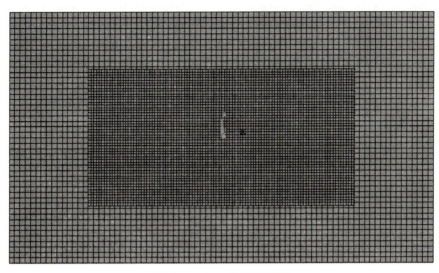

图 7-5 ".db"网格模型

（4）边界条件　设置热边界条件等效对流换热，结构边界基板底部约束。
（5）计算参数设置　设置计算层高 1mm，扫描路径模拟步长 5mm，如图 7-6 所示。

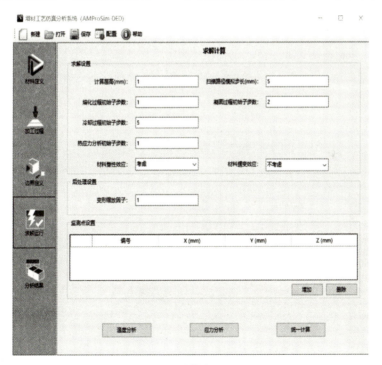

图 7-6 计算参数设置

4. 计算结果

计算结果包括残余应力分布和整体变形分布，分别如图 7-7 和图 7-8 所示。

5. 结果分析

分区大小为 100mm×50mm 的残余应力分布和整体变形分布相对分区大小为 160mm×

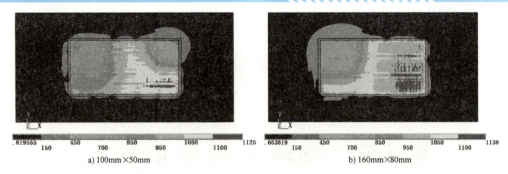

图 7-7 残余应力分布

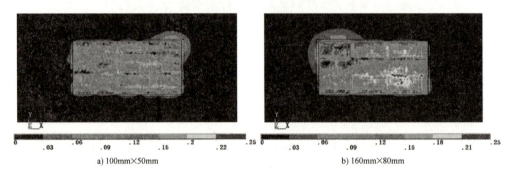

图 7-8 整体变形分布

80mm 的更均匀,残余应力更小。

　　基于工艺仿真的结果,可以进行扫描策略的进一步优化,可以用最少的试验次数找到最优的扫描分区大小。

习题

1. 何谓 DMD?其全称是什么?
2. DMD 成型适用于什么场合?其优点是什么?
3. DMD 成型的技术挑战是什么?现阶段的主要应用有哪些?

第8章 电弧增材制造技术（WAAM）仿真分析

8.1 WAAM 成型工艺原理

现有的增材制造技术成型大尺寸复杂结构件时有一定的局限性，为了应对大型化、整体化航天结构件的增材制造需求，基于堆焊技术发展了低成本、高效率电弧增材制造技术。电弧增材制造技术（WAAM）以电弧为载能束，利用逐层熔覆原理，采用熔化极惰性气体保护焊接（MIG）、钨极惰性气体保护焊接（TIG）以及等离子体焊接电源（PA）等焊机产生的电弧为热源，通过丝材的添加，在计算机程序的控制下，根据三维数字模型由线→面→体逐渐成型出金属零件的先进数字化制造技术。该技术主要基于 TIG、MIG、SAW 等焊接技术发展而来，成型零件由全焊缝构成，化学成分均匀、致密度高，开放的成型环境对成型件尺寸无限制，成型速率可达数千克每小时，但电弧增材制造的零件表面波动较大，成型件表面质量较低，一般需要再进行表面机械加工方法，相比 SLS 和电子束增材制造技术，WAAM 技术的主要应用目标是大尺寸复杂构件的低成本、高效快速近净成型。图 8-1 所示为基于 MIG 的 WAAM 成型系统示意图。

WAAM 技术不仅具有沉积效率高，丝材利用率高，整体制造周期短、成本低，对零件尺寸限制少，易于修复零件等优点，还具有原位复合制造以及成型大尺寸零件的能力。较传统的铸造、锻造技术和其他增材制造技术具有一定先进性，它无须模具，整体制造周期短，柔性化程度高，能够实现数字化、智能化和并行化制造，对设计的响应快，特别适合于小批量、多品种产品的制造。WAAM 技术相比铸造技术制造材料的显微组织及力学性能优异；相比锻造技术产品节约了原材料，尤其是贵重金属材料。

与其他金属增材制造技术相比，WAAM 技术不需要高功率激光器、电子束发生器等昂贵设备，只需要常规的金属焊枪，再结合多轴数控运动控制或机械臂以及相应的送丝机构，就可实现各种大尺寸金属构件的增材制造以及各种金属构件的修复再制造。总体而言，WAAM 技术主要具有以下优点：

1) 设备结构简单、成本低、投资少，只需采用部分通用的焊接系统。
2) 生产率高，整体制造周期短，只需少量机械加工方法，成型大尺寸件时优势明显。
3) 零件由焊缝金属组成，韧性和强度比整体锻造件好。

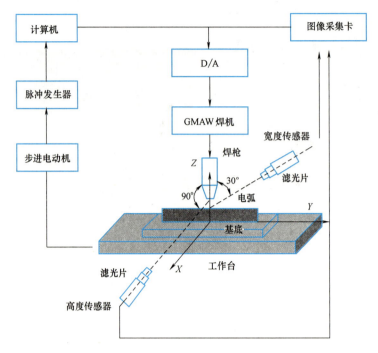

图 8-1 基于 MIG 的 WAAM 成型系统示意图

4) 采用不同材料对零件的不同部位进行设计，实现原位复合制造和一体化制造。

5) 制造形式灵活，对零件尺寸限制少，成型零部件的尺寸、形状和重量几乎不受反应室的条件限制。

6) 零件易于修复，可及时发现设计和生产中的问题，并能快速改进并优化设计。

7) 丝材利用率高，焊丝利用率最高达到 90% 以上，节约了原材料，尤其对于比较贵重的合金材料。

1. 成型过程稳定性的工艺控制

不同于激光及电子束，电弧增材制造的熔池体积较大，而且成型过程中因冷态原材料、电弧力等扰动因素的存在，使得熔池服务于一个不稳定的体系，但 WAAM 能够服务于增材制造的先决条件是成型过程必须使得熔池体系具备稳定的重复再现能力。在初期的规律性研究阶段中，主要基于电弧焊接技术，针对不同材料体系匹配不同的焊接方法及成型系统，甄选出关键影响因子，采用试验方法研究单层单道焊缝形状与最终成型零件表面质量的关系，建立成型质量与焊接关键工艺参数的关系，如焊速（TS）、焊丝直径（WD）、送丝速度（WFS）、导电嘴端面与工件距离（CTWD）、层间温度、电流、电压等。

在基于 TIG 的堆焊成型过程中，熔滴向熔池过渡的稳定性对于成型质量至关重要，电弧挺度弱于激光、电子束等高能束，已堆焊沉积层形貌质量对下道次的堆焊表面影响较大，上一道次形貌特征在 WAAM 成型技术中表现出特定的时空非连续遗传特性，尤其是首道次成型，因基板的表面质量、清洁度、加工状态等不尽相同，因此首道次成型时应采用强工艺规范来弱化基板对成型质量的影响。图 8-2 所示为在大电流、相对较高的送丝速度下首道次 TC4 合金成型形貌特征，送丝速度 WFS=10m/min 时，首道次成型表面的隆起、凹陷缺陷较弱，成型宽度方向的波动性较低。基于强工艺规范的首道次成型时，因不必考虑熔池内熔融金属向两侧漫流，即重力对成型性的影响，向熔池内持续地高速率物质输入以弱化表面张力作用，使得成型体系成为以熔融态金属重力支配作用下的熔敷为主，可能会降低成型稳定性对基板特征的敏感程度而获得连续、稳定一致的成型形貌。

TIG 电弧增材制造因其弧、丝的非同轴性，在成型路径复杂多变时，送丝方向与堆焊方向的相位关系保持依赖于行走机构，往往增大了成型、控制系统的复杂性。对于成型过程温度场的演变及应力分布规律研究，从温度场演变规律出发，析出熔池热边界一致性的控制方法，对于工艺控形具有意义，并进一步从电弧参数和材料送进对成型过程的影响、熔池动力学、成型表面形貌演化动力学等相关科学问题出发，揭示电弧增材成型的物理过程，应成为该领域研究工作的核心。

a) WFS=5m/min

b) WFS=10m/min

图 8-2　首道次 TC4 合金成型形貌特征

2. WAAM 成型件性能

相比激光、电子束增材制造技术而言，电弧的热输入较高，WAAM 成型过程中熔池和热影响区的尺寸较大，较长时间内已成型构件将受到移动的电弧热源往复后热作用，而且随着成型高度增大，基体热沉作用减弱，热耗散条件也发生变化，每一层的热历程不相同。因此，基于连续成型过程中温度场演变规律，研究凝固结构的晶体学特征及周期性，表征不同热历程条件下成型件的力学性能，成为控形的基础。

WAAM 成型的本质是微铸自由熔积成型，逐点控制熔池的凝固组织可减少或避免成分偏析、缩孔、凝固裂纹等缺陷的形成。

8.2　WAAM 成型尺寸精度影响因素

成型尺寸精度对后期成型件的尺寸影响很大，成型精度越高，成型件表面质量越好，则 PH 后续加工量越少。为了提高电弧增材制造成型零件的精度，要研究这些工艺参数与焊缝尺寸形貌关系。焊缝尺寸的主要评价因素有高度和宽度以及宽高比，而影响焊缝尺寸的工艺参数主要包括焊接速度、送丝速度、电弧电压、焊丝伸出长度、保护气体种类及流量、基板材料及厚度、焊丝种类及直径。因此，需要综合考虑这些参数对焊缝尺寸的影响，选出影响较大且容易控制的因素。

各工艺参数对层宽的影响大小依次为熔敷电流>堆积速度>送丝速度。各工艺参数对层高的影响大小依次为送丝速度>堆积速度>熔敷电流。

对于单层单道电弧增材制造工艺参数的优化，可以通过回归方程和正交试验，利用 SPSS 软件进行分析求解。

8.3　WAAM 成型工艺仿真案例

1. 输入工艺参数

设置焊丝直径为 3mm，焊接电流为 110A，焊接电压为 15V，扫描速度为 5mm/s，沉积层厚为 1mm，材料为某铜合金。

2. 仿真计算工具

采用 AM Prosim 金属增材制造工艺仿真系统，采用标准的生死单元技术，考虑材料随温度变化的非线性属性，进行热—力耦合分析，对 WAAM 电弧送丝成型过程中的温度场、应力场和变形分布结果进行分析。

3. 计算流程及参数设置

（1）".db"网格模型　网格尺寸 3mm，网格模型如图 8-3 所示。

图 8-3　网格模型

（2）工艺参数输入　该软件 AM Prosim 开发时主要针对激光增材制造，因此界面设置项均为激光增材制造工艺参数，而针对电弧增材制造工艺，用户需要根据实际情况进行对应的热源功率、热源吸收率、焊丝直径等参数的设置，如图 8-4 所示。

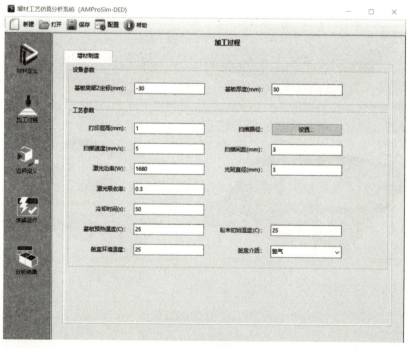

图 8-4　工艺参数设置

(3) 扫描路径输入　采用环向单道逐层扫描。
(4) 计算参数设置　参数设置如图 8-5 所示。

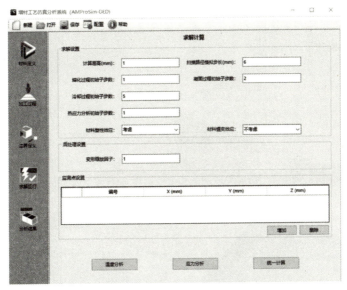

图 8-5　计算参数设置

4. 计算结果
(1) 温度实时分布结果　温度实时分布结果如图 8-6 所示。

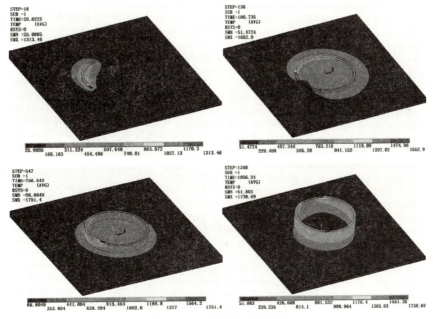

图 8-6　温度实时分布结果

(2) 温度随时间变化曲线　温度随时间变化曲线如图 8-7 所示。
(3) 等效应力实时分布结果　等效应力实时分布结果如图 8-8 所示。
(4) 变形分布结果　变形分布结果如图 8-9 所示。

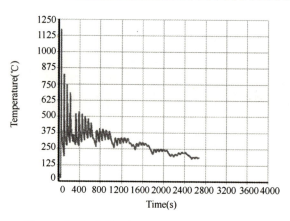

图 8-7　温度随时间变化曲线（最底层某一区域）

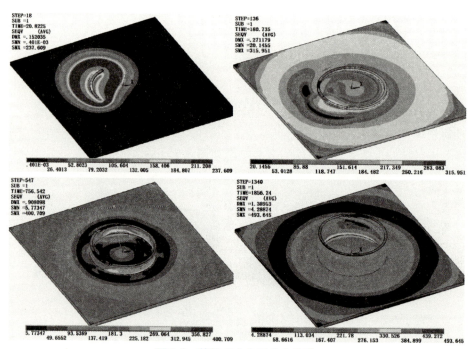

图 8-8　等效应力实时分布结果

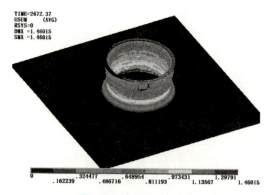

图 8-9　变形分布结果

习题

1. 电弧增材制造成型技术来自于何种技术？其技术优势是什么？
2. 采用机器人和电弧增材制造相结合，其主要目的是什么？
3. 试分析电弧模型的组成。

第9章 电子束自由成型技术（EBF）仿真分析

9.1 EBF 成型工艺原理

电子束自由成型（EBF）工艺是一种采用高能真空电子束作为热源，利用离轴金属丝制造零件的工艺，如图9-1所示。采用该增材制造工艺制造的近净成形零件需要通过减材工艺进行后续的精加工。

1. EBF 原理

电子束自由成型制造技术的原理是在真空环境中，高能量密度的电子束轰击金属表面形成熔池，金属丝材通过送丝装置送入熔池并熔化，同时熔池按照预先规划的路径运动，金属材料逐层凝固堆积，形成致密的结构，直至制造出金属零件或毛坯。

EBF 工艺可替代锻造技术，大幅降低成本和缩短交付周期。它不仅能用于低成本制造和飞机结构件设计，也为宇航员在国际空间站、月球或火星表面所备用结构件和新型工具提供了一种便捷的途径。

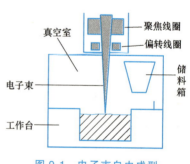

图9-1 电子束自由成型

2. EBF 特点

电子束自由成型制造技术具有成型速度快、材料利用率高、无反射、能量转化率高等特点。

3. EBF 优缺点

（1）优点　成型环境为真空，特别有利于大中型钛合金等高活性金属零件的成型制造。

（2）缺点　EBF 制件精度较差，需要进行后续表面加工。

4. EBF 材料

EBF 技术可以直接成形铝、镍、钛、或不锈钢等金属材料，而且可将两种材料混合在一起，也可将一种材料嵌入另一种中，如可将一部分光纤玻璃嵌入铝制件中，从而使传感器的区域安装成为可能。

美国 Sciaky 公司采用 EBF 成型的钛合金零件尺寸为 5.8m×1.2m×1.2m，利用功率高达

42kW 的电子束枪，可实现超高速打印，每小时可打印 7～15kg 金属钛，而普通金属 3D 打印机的打印速度仅能达到 2.26kg/h。目前我国采用电子束熔丝成型技术可成型尺寸为 2.1m×0.45m×0.3m 钛合金主承力结构件。

9.2　EBF 成型温度场和应力场分析

EBF 成型属于非线性瞬态传热过程，局部受高温快速熔化，粉末床温度随光斑的移动而快速发生变化。在有限元模拟时，建立如下的热量平衡微分方程：

$$\rho c \frac{\partial T}{\partial t} = \frac{\partial}{\partial x}\left(k_x \frac{\partial T}{\partial x}\right) + \frac{\partial}{\partial y}\left(k_y \frac{\partial T}{\partial y}\right) + \frac{\partial}{\partial z}\left(k_z \frac{\partial T}{\partial z}\right) + \rho Q$$

电子束加热熔化金属粉末，一般情况下用准定常问题进行解决。首先对瞬间的点热源进行积分，假设在某个时间一定的热量在无限体内的某点瞬间被释放，求出温度场随时间的变化；其次对时间进行积分，求出连续的瞬间点热源所形成的温度场；最后对空间变量进行积分，就可以求出连续的线热源或者面热源所形成的温度场。EBF 热源模型可以选择焊接过程中的高斯面热源模型或者双椭球体热源模型，但由于电子束击穿金属的深度有限，并且电子束的熔池一般较小，因此电子束热源可以采用高斯面热源。

EBF 成型温度场和应力场的求解过程和 SLM 类似，具体的求解步骤可以参照 SLM 相关章节进行学习。

1. 电子束自由成型温度场分析

1）不同电子束扫描速度下的温度场分析。如图 9-2 和图 9-3 所示。

激光功率：3000W

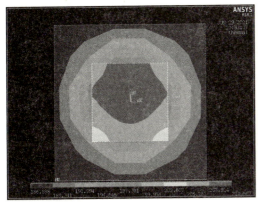
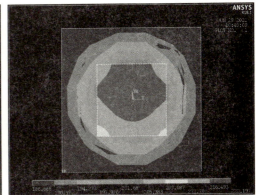

a) 扫描速度 100mm/s　　　　　　　b) 扫描速度 300mm/s

图 9-2　热源加载完成后温度场云图

2）不同电子束功率的温度场分析。如图 9-4 和图 9-5 所示。

激光速度：100mm/s

2. 电子束自由成型应力场分析

1）不同电子束扫描速度下的应力场分析。如图 9-6～图 9-8 所示。

2）不同电子束功率的应力场分析。如图 9-9～图 9-11 所示。

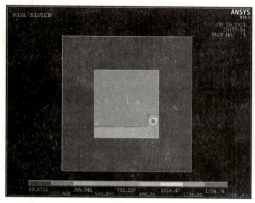
a) 扫描速度100mm/s

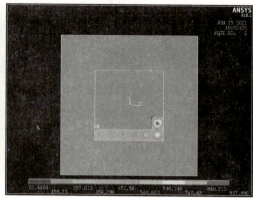
b) 扫描速度300mm/s

图 9-3　热源加载中温度场云图

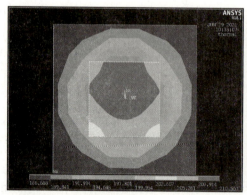
a) 功率1000W

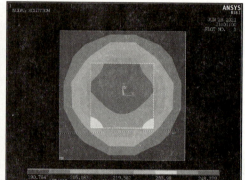
b) 功率3000W

图 9-4　热源加载完成后温度场云图

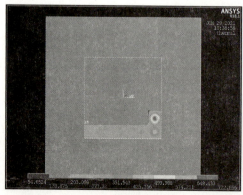
a) 功率1000W

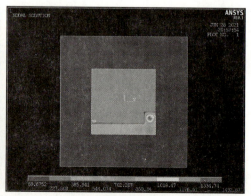
b) 功率3000W

图 9-5　热源加载中温度场云图

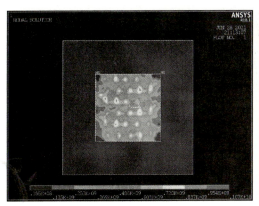 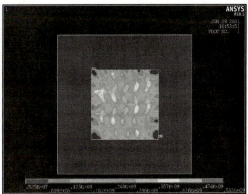

a) 扫描速度 100mm/s　　　　　　　　b) 扫描速度 300mm/s

图 9-6　Von Mises 等效应力分布图

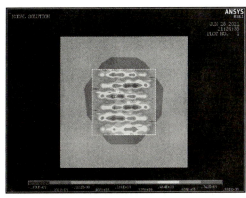 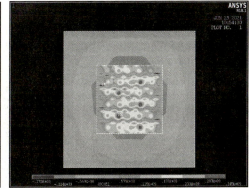

a) 扫描速度 100mm/s　　　　　　　　b) 扫描速度 300mm/s

图 9-7　σ_x 应力分布图

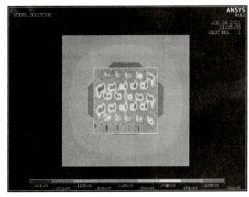 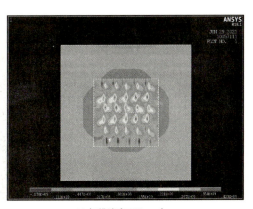

a) 扫描速度 100mm/s　　　　　　　　b) 扫描速度 300mm/s

图 9-8　σ_y 应力分布图

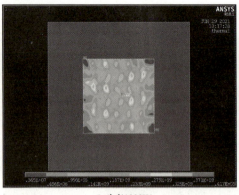

图 9-9 Von Mises 等效应力分布图

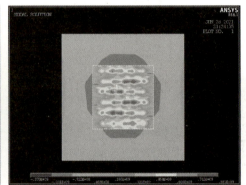

图 9-10 σ_x 应力分布图

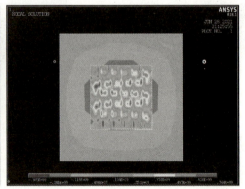

图 9-11 σ_y 应力分布图

习题

1. 何谓电子束自由成型技术？其打印材料是什么？
2. EBF 与 SLM 成型工艺相比，有何优缺点？

第10章 金属增材微观组织仿真分析

在 ANSYS 面向增材工艺设计的仿真解决方案中，ANSYS Additive Science 的主要功能是帮助用户确定增材制造时的机器或材料的最佳参数，对微观机构和材料属性进行调控，以及减少制造出合格产品所需的试验次数。ANSYS Additive Science 的主要功能如下：

(1) 孔隙和熔池分析　可以分析熔池，提供详细的热史信息和微观结构信息，使用不同的参数组合进行单道模拟，以及确定由于未熔合造成的部件缺陷。

(2) 预测传感器测量结果　可以根据机器参数和材料的组合，预测各种传感器的测量结果，如金属增材制造机器的静态传感器、动点传感器、红外摄像头传感器和高温计传感器等。

(3) 预测热史以及微观结构　可计算温度历史并且跟踪阶段变化，从而控制打印部件的最终属性。还可根据基板温度、激光功率、扫描速度、扫描间距等参数预测成型材料的晶粒大小、纹理和晶粒取向等。

本章主要介绍使用 ANSYS Additive Science 模块进行各种工艺参数仿真研究的方法和过程，可通过控制变量法具体研究某个参数对于 SLM 成型 Inconel 718 合金制件的微观层面的影响。Additive Science 可以进行如下三方面的研究：

1) 进行单道熔池尺寸的关键参数研究，主要是激光功率和激光扫描速度对于单道熔池尺寸的仿真研究。

2) 进行 Inconel 718 合金成型时激光功率、扫描速度、铺粉厚度和扫描间距等关键参数对于内部缺陷的仿真研究。

3) 各种打印参数对 SLM 成型 Inconel 718 合金制件的微观结构（主要是晶粒的大小和取向的分布）的仿真研究。

10.1　模拟仿真采用材料

本次模拟仿真采用的材料为 Inconel 718 合金（国内牌号 GH4169）。Inconel 718 合金是从 20 世纪 60 年代开始逐渐发展的一种镍铁基高温合金，其具有良好的热工艺性、可焊性以及比较好的高温力学性能，目前在航空航天发动机涡轮盘和叶片、石油管道以及核工业结构件等领域中均有广泛的应用，已经成为在航空发动机上应用范围最广的镍铁高温合金。近年来随着增材制造技术的发展，针对 Inconel 718 合金的增材制造方案一直是 SLM 以及 EBM 技术研究的重点和热点方向。Inconel 718 合金中主要含有 Fe、Ni 和 Mo 以及较少的 Al 和 Ti。其成分见表 10-1。

表 10-1　Inconel 718 合金的元素组成

组成	Ni	Cr	Nb	Mo	Ti	Al	Co
含量（质量分数，%）	50~55	17~21	4.75~5.5	2.8~3.3	0.65~1.15	0.2~0.8	≤1.0
组成	Cu	C	Si,Mn	P,S	B		Fe
含量（质量分数，%）	≤0.3	≤0.08	≤0.35	≤0.015	≤0.006		—

SLM 成型后的 Inconel 718 合金制件的显微组织主要由奥氏体枝晶和枝晶熔合相组成。其中奥氏体（γ相）为基体相，其强化相包括在 620℃ 左右析出的主要强化相 γ′ 相以及在 700℃ 左右析出另一种强化相 γ″ 相，此外还包括很少的由于高温处理而产生的 δ 相、碳氧化物和对零件有害的 Laves 相。

10.2　仿真参数设置

通过查阅 SLM 设备生产商的参数，如德国的 EOS 公司、SLM Solutions 公司、ReaLizer 公司和国内的华南理工大学、华中科技大学的相关产品数据，总结目前主流打印参数见表 10-2。

表 10-2　主流打印参数

参数	激光功率/W	扫描间距/mm	最大扫描速度/(m/s)	铺粉厚度/μm
范围	100~400	0.06~0.18	5~7	20~100

10.3　单道仿真模拟

激光选区熔化成型技术是一个连续且快速的过程，较高的能量输入使合金粉末快速的熔化，不间断的熔化凝固过程也使材料有着良好的冶金结合。单道的扫描质量对于整个过程的质量有着十分重要的影响，并且单道的研究也是对整个过程进行分离观察的一种好的方案。单个熔道的形态参数主要包括熔池的尺寸（图 10-1）大小，即包括熔池的宽度、长度和深度；能量输入的大小是影响熔池形态尺寸的关键因素，在模拟仿真时能量参数具体体现为激光扫描速度和激光的功率。因此，进行模拟仿真时主要是对激光的功率和扫描速度进行不同组合的定义来进行仿真研究。本次采用的仿真软件是 ANSYS 2019R3 中的 Additive Science 模块，可以直接在该模块上进行仿真计算。仿真计算所需的参数有激光功率、扫描速度以及聚焦光斑的直径，仿真的输出结果有单道熔池的宽度、熔池的长度和熔池的深度。参考现在主流的 SLM 设备生产商的产品数据，进行有关激光打印参数对单道熔池尺寸影响的仿真分析。

10.3.1　激光功率对单道熔池影响的仿真计算

将激光扫描速度设置为 1000mm/s，基板预热温度设定为 80℃，铺粉厚度设定为 50μm，单道扫描长度为 2mm。然后改变扫描时的激光功率，观察激光功率对熔池尺寸的影响。最后得到的仿真结果以 Excel 表格形式输出，对每一种组合形式都进行仿真计算，输出的结果

第10章　金属增材微观组织仿真分析

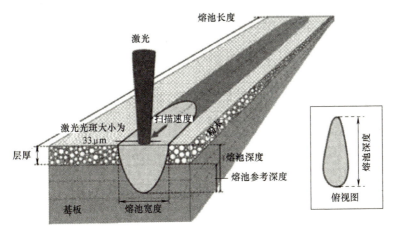

图 10-1　单道熔池尺寸

有平均熔池参考深度、平均熔池宽度、平均熔池长度以及中位熔池参考深度、中位熔池宽度、中位熔池长度。由于中位参数和平均参数差别不大，因此取平均参数作为试验结果，如图10-2所示。

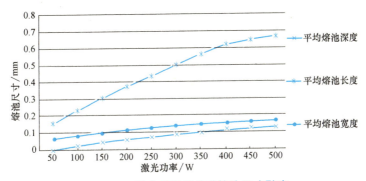

图 10-2　激光功率对单道熔池尺寸影响

从图10-2结果中可以看出，当激光功率为50W时，此时熔池深度接近于0，对应的熔池长度和深度也很小。随着激光功率从100W逐渐提高到500W，单道扫描时的熔池深度也从0.027mm逐渐增加到0.134mm；熔池的长度从0.238mm增加到0.674mm；熔池的宽度从0.087mm增加到0.174mm。从数据中可以看出熔池的各项尺寸均随着激光功率的变大而增大，其中长度增加的幅度较大；并且在激光功率中等或者较低时增加较快，当激光功率较大（≥400W）时，增长都比较缓慢。

10.3.2　扫描速度对单道熔池影响的仿真计算

将激光扫描功率设定为200W，基板预热温度设定为80℃，铺粉厚度设定为80μm，单道扫描长度为2mm。然后改变扫描时的激光扫描速度，观察激光功率对熔池尺寸的影响。其输出的项目与扫描功率时的结果一样，因此同样选择平均参数作为试验结果，如图10-3所示。

从图10-3结果中可以看出，随着激光扫描速度的增大，单道熔池的长度由600mm/s时的0.336mm增加到2500mm/s时的0.476mm，但单道熔池的深度和宽度均减小了，其中熔

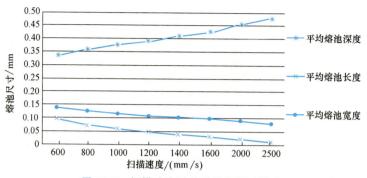

图 10-3 扫描速度对单道熔池尺寸影响

池宽度从 0.14mm 减小到 0.084mm，熔池深度则从 0.098mm 减小到 0.014mm。可见，在激光功率恒定时，由于激光扫描速度的增大，激光在一点的作用时间变小，从而导致熔池的宽度和深度减小，但熔池长度却会因此变大。

10.4 内部缺陷仿真模拟

激光选区熔化时，各种工艺参数对零件的微观结构和力学性能有着极大的影响，进而导致产生内部缺陷，如未完全熔合、气泡以及裂纹等。Inconel 718 是一种镍基高温合金，广泛用于制作燃气轮机中磁盘和后框架使用，其在加工过程中产生的缺陷将对零件的力学性能产生较大的影响，而且 Inconel 718 合金通常用于制作燃气涡轮机、涡轮增压器转子、飞机发动机以及核反应堆零部件，承受周期载荷，因此疲劳性能对于 Inconel 718 合金零件十分重要，合理选择工艺参数、减少零件的内部缺陷十分有必要。

ANSYS Additive Science 中可以通过定义不同打印参数对 SLM 成型零件的熔合率、粉末率、孔隙率进行仿真计算，参数设置也参考目前主流的 SLM 成型设备进行设置，然后再定量分析各种打印参数对于孔隙等内部缺陷的影响。

10.4.1 激光功率对于内部缺陷影响的仿真计算

本次仿真计算的几何体为边长 3mm 的立方体，设定基板的预热温度为 80℃，扫描速度为 1000mm/s，铺粉层厚度为 50μm，起始激光角为 57°，旋转激光角为 67°，扫描间距为 0.1mm，然后改变激光的扫描功率进行仿真计算。结果的输出形式为 Excel 表格，对结果进行处理可得图 10-4 所示曲线图。

从图中可以看出，当扫描速率等其他参数不变时，随着激光功率的增加，成型材料的固相率逐渐上升，激光功率达到 200W 左右时已经达到 99.38%；而成型材料的孔隙率一直维持在 0 附近。说明在该扫描速度下激光功率对成型零件的孔隙率几乎没有影响，且当激光功率比较高时，材料的未熔合等缺陷也基本不会出现，因此在实际生产中如果考虑材料的孔隙率，在扫描速度不是太大的时候，激光功率选择在 200W 左右就可以获得固相率较高的成型零件。

10.4.2 激光扫描速度对于内部缺陷影响的仿真计算

仿真计算所采用的几何体尺寸与激光功率仿真时所采用的一致，基板预热温度、铺粉厚度、扫描间距、起始激光角和旋转激光角也保持不变。然后将激光功率设定为 120W，改变

第10章 金属增材微观组织仿真分析

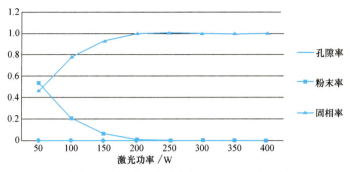

图 10-4 激光功率对内部缺陷影响曲线图

激光的扫描速度进行仿真计算,最后观察输出结果,如图 10-5 所示。

从仿真结果(图 10-5)来看,当激光扫描速度从 500mm/s 增加到 2500mm/s 时,成型材料的固相率从 99.76% 下降到 60.70%;材料的粉末率则从 0.24% 上升到 39.3%。成型材料的孔隙率变化不大,基本为 0。可见,扫描速度对于 SLM 成型 Inconel 718 合金材料的固相率和粉末率有着极大的影响。实际生产中,当激光功率不高时不宜取较大的激光扫描速度,以免造成材料未熔合等缺陷。

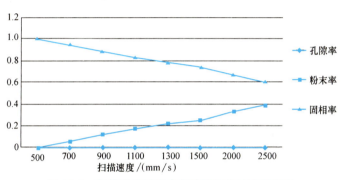

图 10-5 扫描速度对于内部缺陷影响的仿真结果

10.4.3 铺粉厚度对于内部缺陷影响的仿真计算

设定几何体为边长 3mm 的立方体,然后基板的预热温度仍为 80℃,扫描速度为 1000mm/s,激光扫描功率为 120W,起始激光角为 57°,旋转激光角为 67°,扫描间距为 0.1mm。然后参考主流的 SLM 设备打印参数将铺粉厚度设置为 30~800μm,每隔 10μm 取一个数值进行仿真计算,仿真结果如图 10-6 所示。

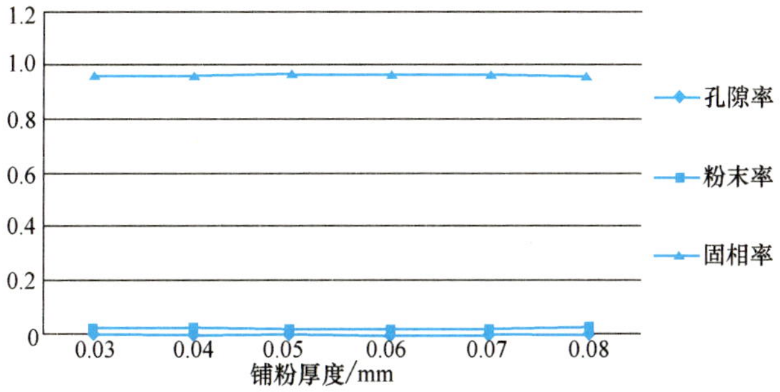

从仿真结果(图 10-6)看出,在铺粉厚度为 0.03mm 时,材料的固相率为 96.73%,当铺粉厚度为 0.08mm 时材料的固相率为 96.67%,其值只改变了 0.06%,变化很小。因此铺粉厚度对成型材料的孔隙率、固相率以及粉末率的影响几乎可以忽略。

图 10-6 铺粉厚度对于内部缺陷的影响

10.4.4 扫描间距对于内部缺陷影响的仿真计算

几何体尺寸、基板预热温度、扫描速度、扫描功率、起始激光角、旋转激光角和铺粉厚度与仿真时的参数设定一样;铺粉厚度设定为 50μm,扫描间距从 0.06mm 开始取值,对常用的扫描间距取得较密集，较大的扫描间距取得较少，仿真结果如图 10-7 所示。

观察最后输出结果（图 10-7）可以发现，扫描间距对于材料的孔隙缺陷影响非常大，当扫描间距为 0.04mm 时，成型材料的固相率为 99.99%；当扫描间距扩大到 0.4mm 时，成型材料的固相率则下降为 30.14%，甚至只有粉末率的一半左右。可见，此时材料未熔合缺陷较明显，因此实际生

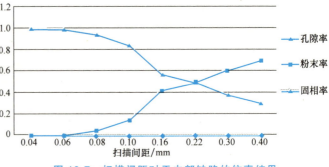

图 10-7 扫描间距对于内部缺陷的仿真结果

产中不建议采用比较大的激光扫描间距。扫描间距取小一点有利于减小材料的未熔合缺陷，但是，扫描间距也不可取得过小，将会导致搭接率过大，进而影响成型材料的表面质量，以及降低成型零件时的生产率。

10.5 微观结构仿真模拟

增材制造零件的力学性能基本都取决于其微观结构的特征，如晶粒的尺寸、类型、取向以及其包含的相。增材制造零件的微观结构的具体特征主要取决于热梯度和冷却速率，而各种加工参数的改变会影响制造零件时的热梯度和冷却速率，进而影响 SLM 成型零件的微观组织，并最终使设置不同参数制造的零件所表现的力学性能各不相同。在 ANSYS Additive Science 模块中，针对微观结构仿真计算的内容主要包括晶粒尺寸的仿真以及晶粒取向的仿真。ANSYS Additive Science 仿真输出的结果为晶粒尺寸的柱状图和 EBSD 的晶粒取向图。

通过晶粒大小可以进一步预测材料的力学性能，可以利用 Hall-Petch 关系进行预测，Hall-Petch 关系的表达式为 $\sigma_y = \sigma_0 + K \cdot d^{-\frac{1}{2}}$，其描述了金属材料的屈服应力的大小与晶粒尺寸的关系。式中，σ_y 表示材料变形 0.2% 时的屈服应力，通常使用维氏硬度 HV 代替 σ_y 进行计算；σ_0 表示材料移动单个位错时所产生的晶格摩擦阻力；K 是常数，与具体的材料有关；d 表示平均晶粒尺寸。从 Hall-Petch 关系中可以看出，材料的屈服应力与 $d^{-\frac{1}{2}}$ 呈线性关系，即金属材料的屈服应力会随着材料晶粒尺寸的减小而提高，因此较小晶粒尺寸的金属材料的强度将会更高，通过试验可以测出成型零件的 σ_0 和 K 值，以便精确地预测所成型材料的屈服应力。

材料的力学性能、电学以及磁学性能的各向异性均与其内部显微组织中的晶粒取向有着很大的关系。例如：材料的热塑性和弹性系数就会随着晶粒取向的不同而存在着各向异性。对于大多数金属材料的弹性模量，其晶粒的 <111> 方向的弹性模量最大，其 <100> 方向的弹性模量最小。因此，进行晶粒取向的仿真对于精确把握材料各种性能的各向异性有着重要的作用。

10.5.1 激光功率对微观结构影响的仿真计算

激光功率和激光扫描速度是对 SLM 成型零件时的热梯度和冷却速率影响最大的两个参数，因此对成型零件的微观结构中的晶粒尺寸和晶粒取向影响最大。在研究激光功率的影响时，将成型几何体设置为边长 1mm 的立方体，基板预热温度为 80℃，扫描速度为 1000m/s，

第10章 金属增材微观组织仿真分析

铺粉厚度为50μm，起始激光角为57°，旋转激光角为67°，扫描间距为0.1mm，而激光功率的取值从50W开始每隔50W取一个数值，总共取8个数值，最大激光功率为400W，对应的仿真结果如图10-8所示。

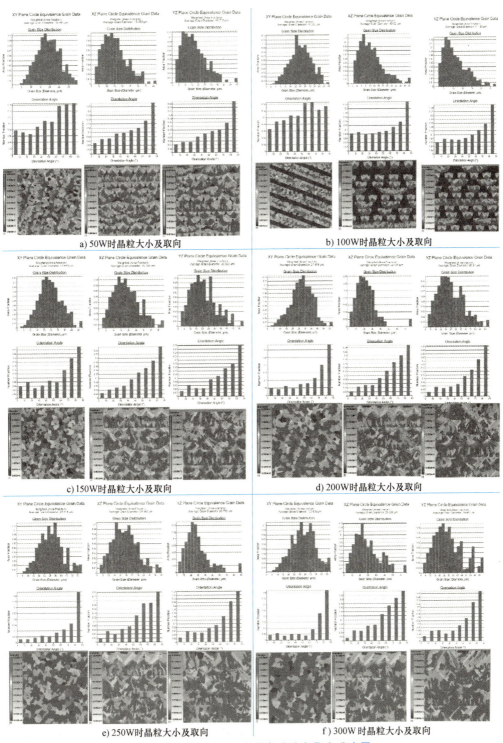

a) 50W时晶粒大小及取向　　　　　b) 100W时晶粒大小及取向

c) 150W时晶粒大小及取向　　　　　d) 200W时晶粒大小及取向

e) 250W时晶粒大小及取向　　　　　f) 300W时晶粒大小及取向

图10-8　不同功率下的晶粒大小与取向分布图

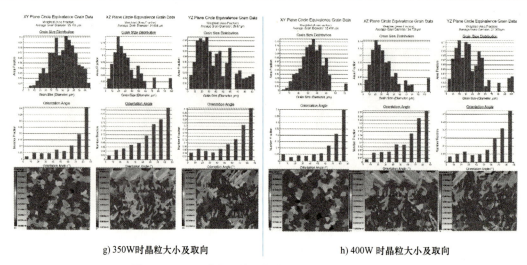

g) 350W时晶粒大小及取向　　　　　　h) 400W时晶粒大小及取向

图 10-8　不同功率下的晶粒大小与取向分布图（续）

图 10-9 所示为激光功率与晶粒平均尺寸关系曲线图，XY 平面、XZ 平面以及 YZ 平面的平均晶粒尺寸随着激光功率的增大均呈现出上升趋势，这是由于激光功率的上升导致成型时的冷却速率下降引起的（图 10-10）。此外，对比 XY 平面、XZ 平面和 YZ 平面三个平面的平均晶粒尺寸，在激光功率小于 300W 时，平均晶粒尺寸 XY 平面>YZ 平面>XZ 平面。这是三个平面加工时的冷却速率不一致所导致的。

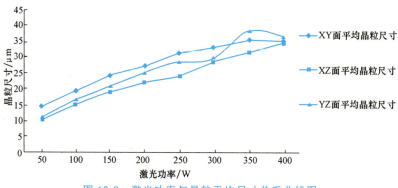

图 10-9　激光功率与晶粒平均尺寸关系曲线图

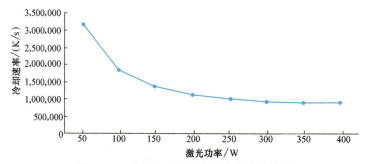

图 10-10　冷却速率与激光功率关系曲线图

关于晶粒取向，从图 10-8 中可以看出，当激光功率较低时（≤150W），此时晶粒的取向较分散，没有表现出明显的择优取向。而随着激光功率的增大，晶粒的取向比较一致。这是由于随着激光功率的增大，热梯度增大的原因所导致的，如图 10-11 所示。此外，分析 XY 平面、XZ 平面和 YZ 平面这三个平面的晶粒取向也可以看出，XY 平面的晶粒取向相比于其他两个平面要分布得更均匀。

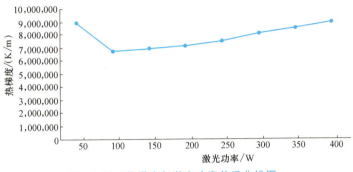

图 10-11 热梯度与激光功率关系曲线图

10.5.2 激光扫描速度对微观结构影响的仿真计算

激光扫描速度是影响冷却速度以及热梯度的另一大关键因素，因此它也是影响晶粒大小和取向的重要因素。激光扫描速度的参数设定参考激光功率的具体设定，将成型几何体设置为边长 1mm 的立方体，基板预热温度为 80℃，激光功率设定为 160W，铺粉厚度为 50μm，起始激光角为 57°，旋转激光角为 67°，扫描间距为 0.1mm。然后，激光扫描速度的设定参考实际生产常用的扫描速度，取得较密集，每间隔 200mm/s 取一个，从 600mm/s 开始取到 1200mm/s，往后增大间隔进行取值，最大取到 2500mm/s，仿真结果如图 10-12 所示。

图 10-13 所示为扫描速度与晶粒平均尺寸关系曲线图，随着激光扫描速度的增加，XY 平面、XZ 平面以及 YZ 平面的平均晶粒尺寸都明显的变小。随着扫描速度的增大晶粒尺寸分布并没有呈现出明显的规律性，但三个平面之间的晶粒尺寸关系没有变化，依然是 XY 平面>XZ 平面>YZ 平面。此外，冷却速率随着激光扫描速度的增大呈现出上升趋势（图 10-14），热梯度也呈现出上升趋势（图 10-15）。

当扫描速度较大时，晶粒取向就没有表现出择优取向，尤其是 XZ 平面的晶粒在激光扫描速度较大时其晶粒取向分布随机，各个方向的都有。因此，在实际生产中为细化晶粒采用大的扫描速度时也要考虑晶粒的取向问题，以便更好地把握成型零件的各项性能。

10.5.3 基板预热温度对微观结构影响的仿真计算

基板预热有利于减小温度梯度，进而减小材料内部的残余应力；其次，随着基板预热温度的增大，成型材料的相更加稳定，试件中裂纹的数量和尺寸均得到了更好的控制。此外，试件的相对致密度也提升了不少。提高预热温度还可以减少试件中的孔洞并且能够抑制成型材料表面的球化现象，增加成型材料的致密度。

设定基板预热温度影响的仿真参数，将成型几何体设置为边长 1mm 的立方体，激光功率设定为 160W，激光扫描速度设定为 1000mm/s，铺粉厚度为 50μm，起始激光角为 57°，旋转激光角为 67°，扫描间距为 0.1mm。基板预热温度从 25℃ 到 200℃ 每隔 25℃ 取 1 个数值，总共 8 个数值，最后观察其微观结构的变化，仿真结果如图 10-16 所示。

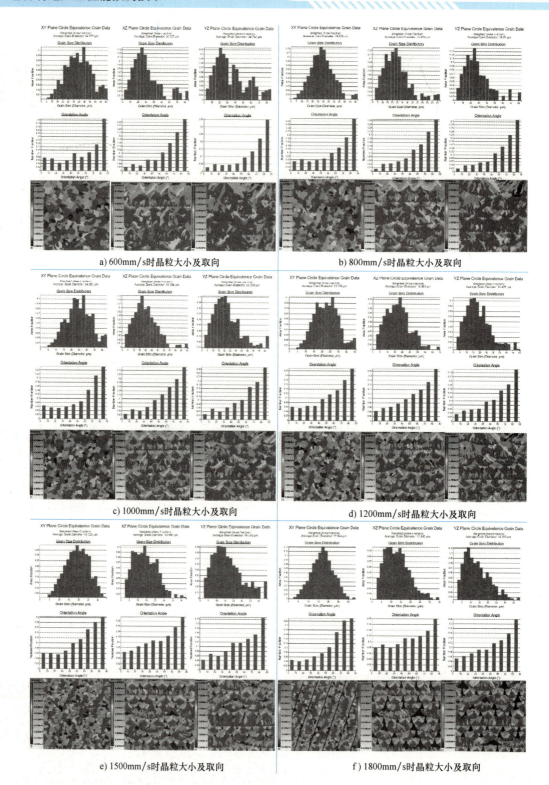

图 10-12　不同扫描速度下的晶粒大小与取向分布图

第10章 金属增材微观组织仿真分析

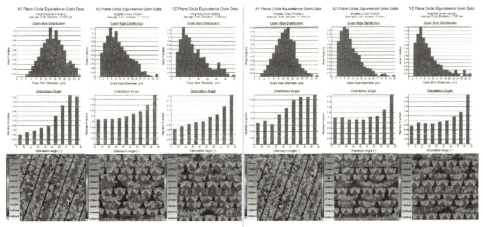

g) 2100mm/s时晶粒大小及取向　　　　h) 2500mm/s时晶粒大小及取向

图 10-12　不同扫描速度下的晶粒大小与取向分布图（续）

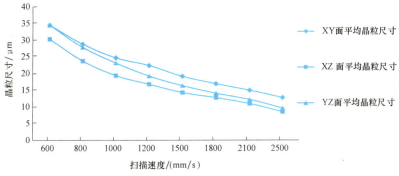

图 10-13　扫描速度与晶粒平均尺寸关系曲线图

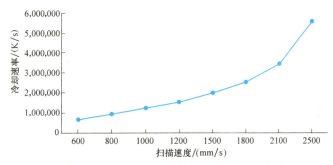

图 10-14　冷却速率与扫描速度关系曲线图

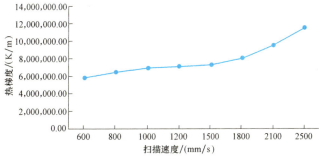

图 10-15　热梯度与扫描速度关系曲线图

增材制造产品性能预测技术

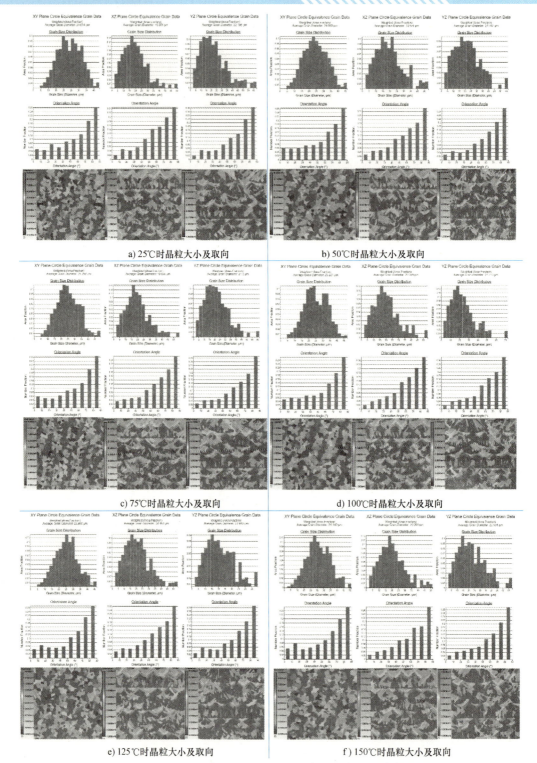

a) 25℃时晶粒大小及取向　　　b) 50℃时晶粒大小及取向

c) 75℃时晶粒大小及取向　　　d) 100℃时晶粒大小及取向

e) 125℃时晶粒大小及取向　　　f) 150℃时晶粒大小及取向

图 10-16　不同基板预热温度下的晶粒大小与取向分布图

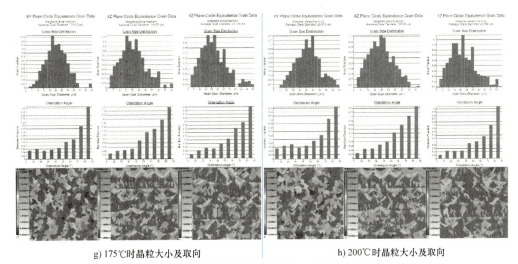

g) 175℃时晶粒大小及取向　　　　　　　h) 200℃时晶粒大小及取向

图 10-16　不同基板预热温度下的晶粒大小与取向分布图（续）

图 10-17 所示为基板预热温度与晶粒平均尺寸关系曲线图，基板的预热温度对于晶粒尺寸的影响很小，当基板预热温度从 25℃增加到 200℃时，三个平面的晶粒尺寸只是略微增大了 1~2μm。随着基板预热温度的增加，三个平面的晶粒取向变化也不大。从大趋势来看，晶粒取向的分布在基板温度比较高时更均匀一些。

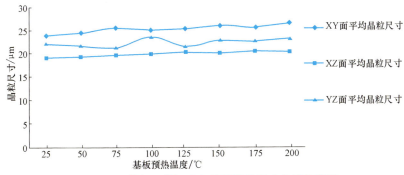

图 10-17　基板预热温度与晶粒平均尺寸关系曲线图

随着基板预热温度的增加，成型时的冷却速率和热梯度有所下降如图 10-18 和图 10-19 所示。虽然冷却速率的下降会导致晶粒尺寸的增大，但同时热梯度却大大下降，这对于减小

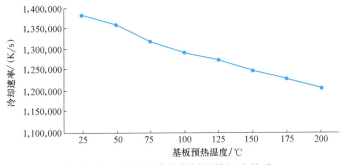

图 10-18　冷却速率与基板预热温度关系

成型零件的内部残余应力和变形是十分有利的。因此对于某些特定材料,适当增大基板的预热温度对提高材料的综合性能有帮助。

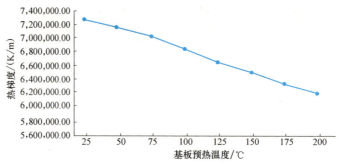

图 10-19　热梯度与基板预热温度关系

10.5.4　铺粉厚度对微观结构影响的仿真计算

铺粉的厚度对于成型零件的表面质量有较大的影响,铺粉厚度的增加意味着需要更多的能量使粉熔化,需要更大的激光功率或是更小的扫描速度。此外,因为层厚增加的缘故,会导致成型过程中冷却速度变化不均匀,从而影响成型零件的表面质量或者造成零件的变形。设定铺粉厚度的仿真参数,将成型几何体设置为边长 1mm 的立方体,基板预热温度为 80℃,激光功率设定为 160W,激光扫描速度设定为 1000mm/s,起始激光角为 57°,旋转激光角为 67°,扫描间距为 0.1mm。然后,铺粉厚度参考现在主流的 SLM 成型设备参数,从 30μm 开始每间隔 10μm 取 1 个数值,直到 100μm 为止,总共取 8 个数值,仿真结果如图 10-20 所示。

图 10-21 所示为铺粉厚度与晶粒平均尺寸关系曲线图,铺粉厚度对于 XY 平面微观结构的影响比较小,当铺粉厚度从 30μm 增加到 100μm 时,XY 平面的平均晶粒尺寸从 24.21μm 增加到 28.538μm,仅仅变化了 4μm 左右,变化相对于其他两个平面较小。其晶粒大小的分布情况也基本没有变化。XY 平面的晶粒取向分布情况基本较均匀,主要集中在 70°~90°之间。

铺粉厚度对于 XZ 平面和 YZ 平面的影响相对较大。YZ 平面随着铺粉厚度从 30μm 增加到 100μm,其平均晶粒尺寸从 15.757μm 增加到 28.135μm,变化范围接近一倍;另外,其晶粒取向分布也从 30μm 时比较均匀的情况逐渐变得杂乱。

如图 10-22 所示,随着铺粉厚度的增加,冷却速率呈现出下降趋势。如图 10-23 所示,热梯度的情况要稍微复杂一些,随着铺粉厚度的增加,热梯度先是下降到 40μm,然后又上升,上升至 59μm 处又开始下降。但总体上还是下降趋势比较明显。

10.5.5　扫描间距对微观结构影响的仿真计算

激光的扫描间距过大时会导致相邻熔道的搭接过小,严重的时候甚至不搭接,这将会严重影响成型材料的致密度以及成型件表面质量。扫描间距过小也会使搭接率过大,同样也会引起表面质量降低以及加工效率降低。并且根据前面对于孔隙率的研究可知,扫描间距对于成型材料的固相率也有着极大的影响。下面将研究扫描间距对于成型材料的晶粒大小及取向的影响。

第10章 金属增材微观组织仿真分析

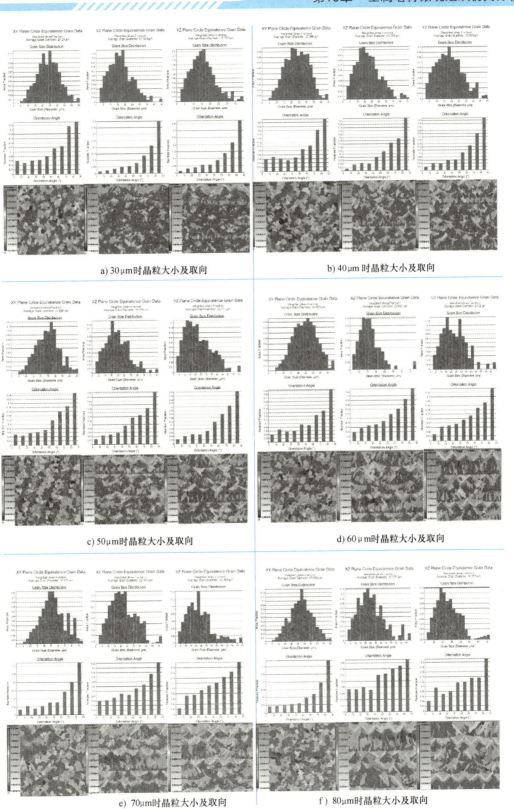

图 10-20 不同铺粉厚度下的晶粒大小及取向分布图

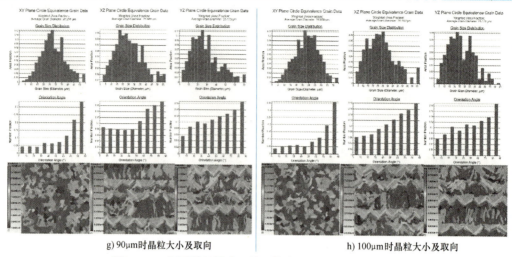

g) 90μm时晶粒大小及取向　　　　　　h) 100μm时晶粒大小及取向

图 10-20　不同铺粉厚度下的晶粒大小及取向分布图（续）

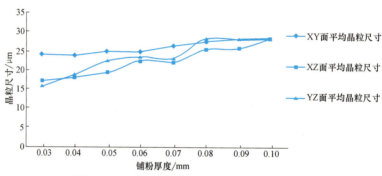

图 10-21　铺粉厚度与晶粒平均尺寸关系曲线

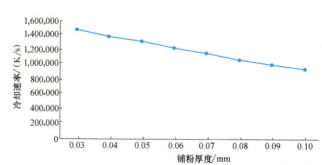

图 10-22　冷却速率与铺粉厚度关系曲线图

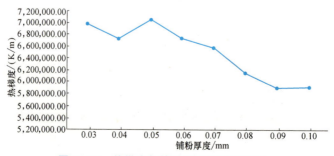

图 10-23　热梯度与铺粉厚度关系曲线图

仿真的参数设置如下：成型几何体为边长 1mm 的立方体，基板预热温度为 80℃，激光功率设定为 160W，激光扫描速度设定为 1000mm/s，铺粉厚度设定为 50μm，起始激光角为 57°，旋转激光角为 67°。扫描间距从 0.06mm 开始每隔 0.02mm 取 1 个，总共取 8 个，最大取到 0.2mm，仿真结果如图 10-24 所示。

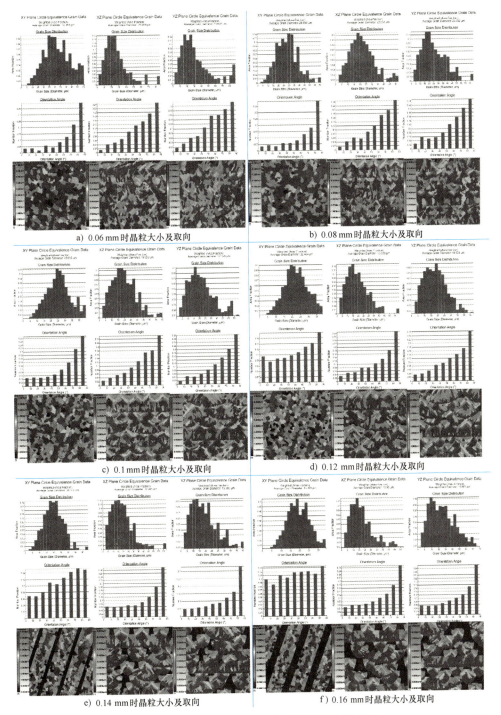

图 10-24　扫描间距下的晶粒大小及取向分布图

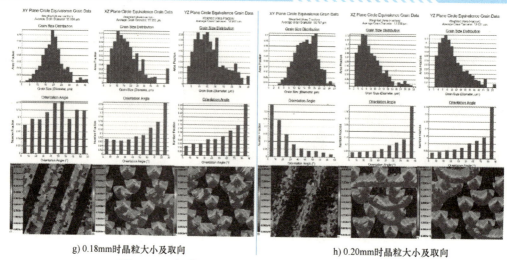

g) 0.18mm时晶粒大小及取向　　　　　　h) 0.20mm时晶粒大小及取向

图 10-24　扫描间距下的晶粒大小及取向分布图（续）

图 10-25 所示为扫描间距与晶粒平均尺寸关系曲线，当扫描间距从 0.06mm 增大到 0.1mm 时，XZ 平面的晶粒尺寸从 29.926μm 减小到 19.585μm，XY 平面以及 XZ 平面的也有所下降。当扫描间距从 0.1mm 增加到 0.18mm 时，XZ 平面的晶粒尺寸略微下降 2.232μm，下降幅度相对于之前减少了许多。此外，当扫描间距从 0.18mm 增加到 0.2mm 时，其冷却速率突然上升，其晶粒平均尺寸也骤降，此时应该是扫描间距过大而导致扫描时无法搭接，进而部分粉末未熔合。因此，增大扫描间距虽然有利于降低晶粒平均尺寸，但是其效果在减小到一定程度（≤0.1mm）后便不怎么明显，并且由于扫描间距过大（≥0.14mm）还会导致熔道间搭接率下降，使成型材料固相率和致密度下降，这显然是十分不划算的。

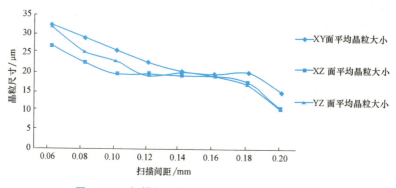

图 10-25　扫描间距与晶粒平均尺寸关系曲线图

关于晶粒取向的分布，从图 10-25 所示的三个平面取向分布图中可以看出，随着扫描间距的增大，XY 平面的晶粒取向由刚开始比较均匀并且有明显的择优取向逐渐变得随机且没有表现出择优取向；对于 XZ 平面和 YZ，扫描间距的变化对其晶粒的取向影响不大。根据晶粒平均尺寸和取向来看，在扫描间距为 0.1mm 时，成形材料的综合性能要好一点。冷却速率、热梯度与扫描间距的关系如图 10-26 和图 10-27 所示。

10.5.6　起始激光角对微观结构影响的仿真计算

起始激光角是指加工时激光扫描第一层时与第一层 X 方向的夹角，通常 SLM 成型设备

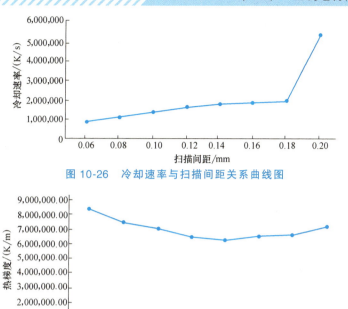

图 10-26　冷却速率与扫描间距关系曲线图

图 10-27　热梯度与扫描间距关系曲线图

设定为 57°。加工时的不同成型角度（即起始激光角）对于 SLM 成型的 304L 不锈钢的表面质量和力学性能有一定的影响。

仿真参数设置如下：成型几何体为边长 1mm 的立方体，基板预热温度为 80℃，激光功率设定为 160W，激光扫描速度设定为 1000mm/s，铺粉厚度设定为 50μm，扫描间距设定为 0.1mm，旋转激光角为 67°。然后起始激光角从 20°开始每隔 20°取 1 个值，一共取 8 个值，最大取 160°，进行仿真计算，仿真结果如图 10-28 所示。

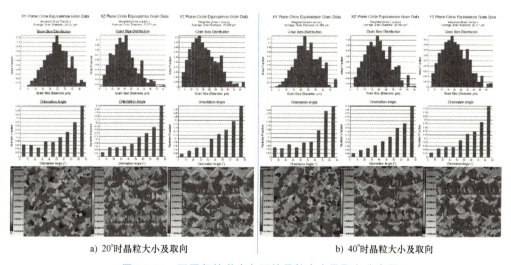

a) 20°时晶粒大小及取向　　　　　　　b) 40°时晶粒大小及取向

图 10-28　不同起始激光角下的晶粒大小及取向分布图

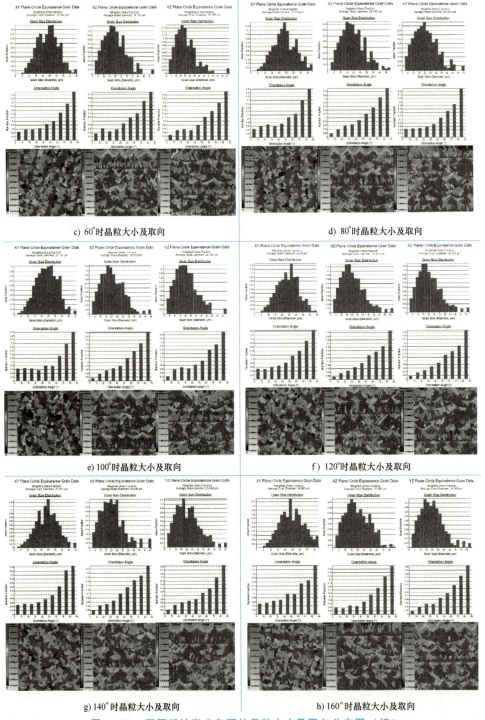

c) 60°时晶粒大小及取向　　d) 80°时晶粒大小及取向

e) 100°时晶粒大小及取向　　f) 120°时晶粒大小及取向

g) 140°时晶粒大小及取向　　h) 160°时晶粒大小及取向

图 10-28　不同起始激光角下的晶粒大小及取向分布图（续）

如图 10-29 所示，起始激光角对于各平面平均晶粒尺寸大小的影响很小；从晶粒取向的仿真结果（图 10-28）来看，激光起始角的影响也很小。如图 10-30 所示，相对于其他参数对于冷却速率的影响，起始激光角对于冷却速率的影响也不大。但是通过对不同起始激光角下的平均晶粒大小进行对比，还是可以发现在起始激光角等于60°时，XY平面和XZ平面都达到了最小值，说明通常SLM成型设备起始激光角设定为57°是有一定原因的。

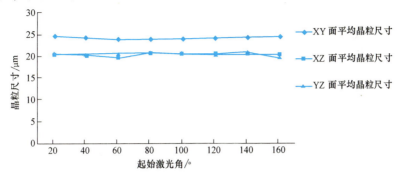

图10-29　起始激光角与晶粒平均尺寸关系曲线图

如图10-31所示，当起始激光角处于100°~140°时，热梯度比较大，而较大的热梯度会导致成型零件内部的残余应力过大，从而导致变形量的增大以及产生一些内部缺陷，这对于成型零件是不利的，因此实际生产中应避免使用这个范围区间的起始激光角。

10.5.7　旋转激光角对微观结构影响的仿真计算

旋转激光角是指激光扫描上一层与扫描下一层之间的变化角度，通常设定为57°。旋转激光角仿真时的参数设置与起始激光角的类似，参数设置如下：成型几何体为边长1mm的立方体，基板预热温度为80℃，激

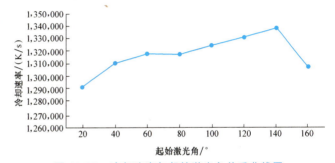

图10-30　冷却速率与起始激光角关系曲线图

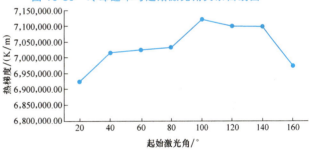

图10-31　热梯度与起始激光角关系曲线图

光功率设定为160W，激光扫描速度设定为1000mm/s，铺粉厚度设定为50μm，扫描间距设定为0.1mm，起始激光角为67°。旋转激光角从20°开始，每隔20°取1个值，最大取到160°，仿真结果如图10-32所示。

如图10-33所示，旋转激光角对于晶粒的平均尺寸影响也比较小，尤其是对XY平面几乎没有什么影响；随着旋转激光角的增大，XZ平面的平均晶粒尺寸先是增大，当旋转激光角增大到60°左右时，平均晶粒尺寸又开始下降，到100°附近时又开始上升，到120°时达到最大值为23.336μm；YZ平面的情况则刚好与XZ平面的情况相反。关于晶粒取向分布，三个平面都没有表现出比较强的规律性，可以认为激光旋转角对于晶粒取向影响不大。

激光旋转角虽然对微观结构结果的影响不大，但对冷却速率有一定的影响。如图10-34和图10-35所示，在80°附近，冷却速率和热梯度都达到了峰值。而冷却速率是决定平均晶粒尺寸的关键因素，由此可以推断：要获得细小晶粒，在80°附近取值比较合适。

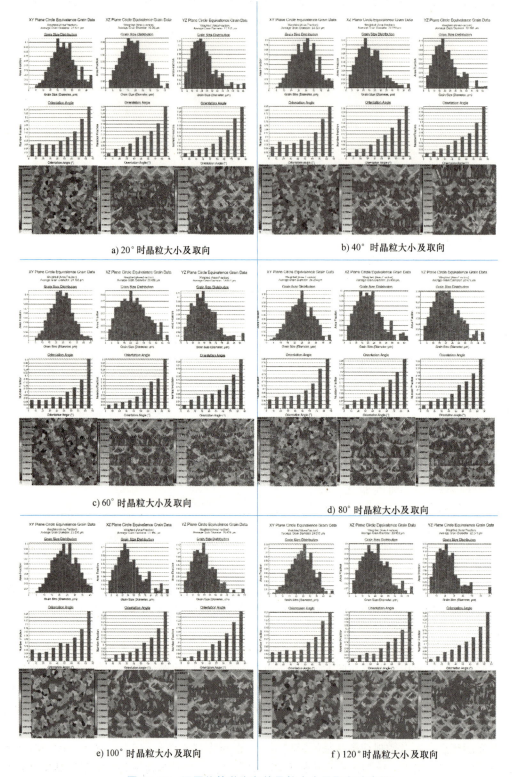

图 10-32 不同旋转激光角的晶粒大小及取向分布图

第10章 金属增材微观组织仿真分析

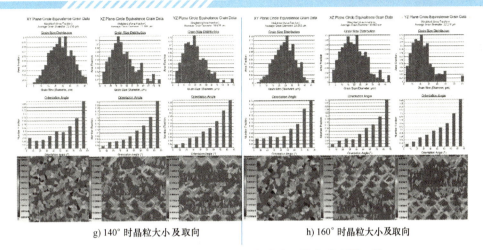

g) 140°时晶粒大小及取向　　　　　h) 160°时晶粒大小及取向

图 10-32　不同旋转激光角的晶粒大小及取向分布图（续）

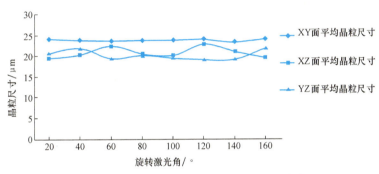

图 10-33　旋转激光角与晶粒平均尺寸关系曲线图

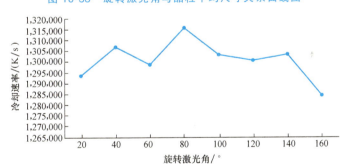

图 10-34　冷却速率与旋转激光角关系曲线图

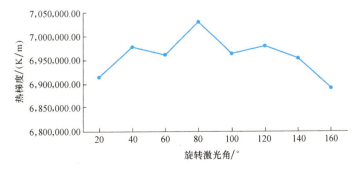

图 10-35　热梯度与旋转激光角关系曲线图

习题

1. 增材制造零件的微观组织结构与锻件相比,有何不同?
2. 增材制造零件的常见缺陷有哪些?
3. 根据仿真分析结果,讨论哪些工艺参数影响增材制件的微观组织?

参 考 文 献

[1] 吴超群，孙琴. 增材制造技术［M］. 北京：机械工业出版社，2020.
[2] 魏青松. 增材制造技术原理及应用［M］. 北京：科学出版社，2020.
[3] 魏青松，宋波，文世峰，等. 金属粉床激光增材制造技术［M］. 北京：化学工业出版社，2019.
[4] 卢秉恒，李涤尘. 增材制造（3D 打印）技术发展［J］. 机械制造与自动化，2013，42（4）：1-4.
[5] 王华明. 高性能大型金属构件激光增材制造：若干材料基础问题［J］. 航空学报，2014，35（10）：2690-2698.
[6] 李涤尘，贺健康，田小永，等. 增材制造：实现宏微结构一体化制造［J］. 机械工程学报，2013，49（6）：129-135.
[7] 吕鉴涛. 3D 打印原理、技术与应用［M］. 北京：中国工信出版集团，2017.
[8] 张淼. 基于 FDM 成型过程有限元模拟及工艺参数优化研究［D］. 北京：华北电力大学，2018.
[9] 倪荣华. 熔融沉积快速成型精度研究及其成型过程数值模拟［D］. 济南：山东大学，2013.
[10] 陈继民. 3D 打印技术基础教程［M］. 北京：国防工业出版社，2016.
[11] 温正，张文电. ANSYS14.0 有限元分析权威指南［M］. 北京：机械工业出版社，2013.
[12] 戴岳. 基于 ANSYS 模拟的熔融沉积快速成型精度研究［D］. 包头：内蒙古科技大学，2015.
[13] 韩江，王益康，田晓青，等. 熔融沉积（FDM）3D 打印工艺参数优化设计研究［J］. 制造技术与机床，2016（06）：139-142.
[14] 孟陈力. FDM 成型性能的影响因素分析及试验研究［D］. 哈尔滨：哈尔滨理工大学，2017.
[15] 周宁，等. ANSYS APDL 高级工程应用实例分析与二次开发［M］. 北京：中国水利水电出版社，2007.
[16] 向钢，聂娅. 热学［M］. 北京：科学出版社，2017.
[17] 刘建生. 塑性成形数值模拟［M］. 北京：机械工业出版社，2014.
[18] 刘冰，郭海霞. MATLAB 神经网络超级学习手册［M］. 北京：人民邮电出版社，2014.
[19] 王小川，史峰，郁磊，等. MATLAB 神经网络 43 个案例［M］. 北京：北京航空航天大学出版社，2013.
[20] 王银年. 遗传算法的研究与应用［D］. 无锡：江南大学，2009.
[21] 方开泰，马长兴. 正交与均与实验设计［M］. 北京：科学出版社，2001.
[22] 杨全占，魏彦鹏，高鹏，等. 金属增材制造技术及其专用材料研究发展［J］. 材料导报，2016（1）：26-28.
[23] 刘永长，郭倩颖，李冲，等. Inconel 718 高温合金中析出相演变研究进展［J］. 金属学报，2016（52）：1259-1266.
[24] 张亮，吴文恒，卢林，等. 激光选区熔化热输入参数对 Inconel 718 合金温度场的影响［J］. 材料工程，2018，46（07）：29-35.
[25] 吴迪. 合金钢激光熔化沉积成形温度场和应力场有限元分析［D］. 北京：北京交通大学，2019.
[26] 王佳琛. Inconel 718 合金选区激光熔化温度场及微熔池传热研究［D］. 哈尔滨：哈尔滨工业大学，2016.